怎样当好农场主

河南省农业广播电视学校
河南省农业科技教育培训中心　主编

中原农民出版社
·郑州·

本书作者

主　编　李惠军

副主编　宋春丽　王瑞娥　吴剑南　史美玲

马颖颖　谷振宏　李超云

编　者　余　斌　吴秀云　杨青云　平西栓　杨贵军

贾爱琴　刘超良　胡兵

主　审　赵翠萍（河南农业大学经济管理学院）

图书在版编目（CIP）数据

怎样当好农场主/河南省农业广播电视学校，河南省农业科技教育培训中心主编．—郑州：中原农民出版社，2015.10（2017.1重印）

（新型职业农民培育工程）

ISBN 978-7-5542-1318-6

Ⅰ.①怎…　Ⅱ.①河…　②河…　Ⅲ.①农场管理　Ⅳ.①F306.1

中国版本图书馆CIP数据核字（2015）第243589号

出版社：中原农民出版社（地址：郑州市经五路66号）

电话：0371-65751257　　邮政编码：450002）

发行：河南新华书店

承印：河南安泰彩印有限公司

开本：787mm×1092mm　　1/16

印张：10

字数：160千字

版次：2015年10月第1版　　**印次**：2017年1月第3次印刷

书号：ISBN 978-7-5542-1318-6　　**定价**：30.00元

目　　录

第一单元
农场及家庭农场基础知识

单元提示

1. 农场主、农场及家庭农场基本定位。
2. 家庭农场运营模式。
3. 家庭农场主的素质和眼光。
4. 开办家庭农场需要了解的程序和需要准备的工作。

一、农场主、农场及家庭农场基本定位

（一）认识农场主

什么是农场主？目前，官方没有明确的定义。

根据农业的产业性质，可以认为，农场主是农场的拥有者、管理者、法人代表。但农场主不一定是地主，如租地农

场主只有农场经营权，没有土地所有权。

2013 年中央一号文件首次提出了家庭农场的概念和鼓励家庭农场发展的政策。中国的家庭农场主从此诞生了。

2014 年家庭农场认定标准和登记注册办法出台。

2015 年国家重点扶持家庭农场的发展。

如果你准备当农场主，或者你已经有了自己的农场，那么你肯定想把农场规划好、建设好、管理好，经营出效益。你肯定希望了解和掌握尽可能多的农场知识，尤其是农场经营管理方面的方法和技巧。

农场主良好的职业素质是农场红火的根基，良好的职业素质包括五个方面，即有文化、懂技术、会经营、善管理、能创业。

尤其是“会经营”，农场经营不仅仅是种好养好，还要卖好。江西省有个水果农场主，他参观了一个农博会，发现优质的水果比一般水果受欢迎，水果上贴着商标和二维码，他意识到，农产品可追溯的时代不远了。于是，他立即决定给自己的果园进行“绿色认证”，一个小小的绿色食品标志商标使用许可，让他的赣南脐橙迅速得到了市场认可。

这个实例说明，农场不仅是管出来的，也是经营出来的。

知识链接　绿色食品标志申请认证程序

一、申请认证企业向市、县（市、区）绿色食品办公室（以下简称绿办），或向省绿色食品办公室索取，或从网站（www. greenfood. org. cn）下载《绿色食品标志使用申请书》。

二、市、县（市、区）绿办指导企业做好申请认证的前期准备工作，并对申请认证企业进行现场考察和指导，明确申请认证程序及材料编制要求，并写出考察报告报省绿办。省绿办酌情派人员参加。

三、企业按照要求准备申请材料，根据《绿色食品现场检查项目及评估报告》自查、草填，并整改，完善申请认证材料；市、县（市、区）绿办对材料审核，并签署意见后报省绿办。

四、省绿办收到市、县（市、区）的考察报告、审核表及企业申请材料后，审核定稿。企业完成5套申请认证材料（企业自留1套复印件，报市、县绿办各1套复印件，报省绿办1套复印件，报中国绿色食品发展中心1套

绿色食品
GreenFood

证　书

经中国绿色食品发展中心审核，该产品符合绿色食品A级标准，被认定为绿色食品A级产品，许可使用绿色食品标志，特颁此证。

产品名称：六龙茶（红茶）
商标名称：六龙岩赤
产品编号：LB-44-1408203292A
生　产　商：河池市六龙茶业有限责任公司
企业信息码：GF451201140511
核准产量：20　吨
许可期限：2014年8月26日至2017年8月25日
颁证机构：
代表签字：王运浩
颁证日期：2014年8月26日

2015年8月26日至2016年8月25日
（年检盖章有效）
2016年8月26日至2017年8月25日
（年检盖章有效）

中国绿色食品发展中心

原件）和文字材料软盘，报省绿办。

五、省绿办收到申请材料后，登记、编号，在5个工作日内完成审核，下发《文审意见通知单》同时抄送中国绿色食品发展中心（以下简称中心）认证处，说明需要补报的材料，明确现场检查和环境质量现状调查计划。企业在10个工作日内提交补充材料。

六、现场检查计划经企业确认后，省绿办派2名或2名以上检查员在5个工作日内完成现场检查和环境质量现状调查，并在完成后5个工作日内向省绿办提交《绿色食品现场检查项目及评估报告》《绿色食品环境质量现状调查报告》。

七、检查员在现场检查过程中同时进行产品抽检和环境监测安排，产品检测报告、环境质量监测和评价报告由产品检测和环境监测单位直接寄送中国绿色食品发展中心同时抄送省绿办。对能提供由定点监测机构出具的一年内有效的产品检测报告的企业，免做产品认证检测；对能提供有效环境质量证明的申请单位，可免做或部分免做环境监测。

八、省绿办将企业申请认证材料（含《绿色食品标志使用申请书》《企业及生产情况调查表》及有关材料）、《绿色食品现场检查项目及评估报告》《绿色食品环境质量现状调查报告》《省绿办绿色食品认证情况表》报送中心认证处；申请认证企业将《申请绿色食品认证基本情况调查表》报送中心认证处。

九、中心对申请认证材料做出“合格”“材料不完整或需补充说明”“有疑问，需现场检查”或“不合格”的审核结论，书面通知申请人，同时抄送省绿办。省绿办根据中心要求指导企业对申请认证材料进行补充。

十、对认证终审结论为“合格”的申请企业，中心书面通知申请认证企业在60个工作日内与中心签订《绿色食品标志商标使用许可合同》，同时抄送省绿办。

十一、申请认证企业领取绿色食品证书。

（二）农场及家庭农场基本定位

1. 农场

农场是指以从事农业生产或畜牧养殖为主，或经营各种农产品和畜牧产品等的农业生产单位、生产组织或生产企业。农场可以归个人、家庭或社群所有并经营，或归联合体、公司所有并经营。农场也因此延伸出三种形态。

个人农场是以个人身份开办的农场。

家庭农场是目前政策扶持的新兴农业经营主体。

国有农场是由国家投资兴办、主要生产资料和产品归国家所有的农业经济组织。

农场是农业规模化的标志，农场的规模可以从几亩到几千亩、几万亩不等。

规模小的农场如特色休闲小农场几亩土地就可以，特色休闲小农场适合在城市周边发展蔬菜、瓜果等种植项目，发展鸡、鱼、鸽子、鹿等养殖项目，或发展种养结合的综合项目，依靠观光休闲、体验娱乐、附加农业经营获取利润。

规模大的国有大型农场如河南省黄泛区农场拥有10万多亩土地。大型农场适合规模化经营，如黄泛区用于生产良种的土地有2万亩，拥有一个10万头养猪场。农场工人完全脱离了农民身份。农场依靠规模经营获取利润。

家庭农场规模应该多大呢？全国人大代表、温氏集团董事长兼总裁温鹏程认为，不同的产业、不同的地区、不同的时期，家庭农场的规模都不一样。日本和韩国的家庭农场规模比较小，欧美国家的家庭农场规模都比较大，中国家庭农场的规模可大可小，但并不是越大越好，适度规模比较符合中国的国情。

家庭农场规模大小建议

- 休闲家庭农场占地20～100亩为妥。
- 种植家庭农场200亩左右为妥。
- 养殖家庭牧场可以加盟大型农产品加工企业，走农户＋公司模式，规模视具体情况而定，以雇用工人不超过5人为度。

养殖家庭牧场以家庭成员为主参与经营和管理，少量雇用帮手经营为原则，确定规模。

开办农场就意味着农业规模化经营，什么叫农业规模化呢？

农业规模化是在城市化达到一定程度、农村经济实力达到一定水平，农村人口向城市转移的过程中，以科技含量高、产出高的现代化农业代替简单农业劳作方式的产物。

举个例子，河北省固安县有一个现代农业园，总投资1.5亿元，拥有土地2 000亩，这个特殊的农场具有典型的农业企业性质，也可以把它视为一个农场。这个现代农业园的利润很可观，原因是园区解决了农产品生产季节性的问题，能做到每日有大量农产品上市，园区内的蔬菜基地每天都能产出1 500千克嫩绿的茼蒿，从不间断，这一固定的产量加上好的质量，吸引了周边不少蔬菜经销商。只要周边的菜市场需要茼蒿，经销商立即就想到了固安县这个蔬菜基地。这个农业园区把茼蒿季节性生产问题和产量问题解决了，等于满足了市场的需求，当然会受到市场的欢迎，这就是规模化的好处。家庭农场本身就有规模，假如十几个家庭农场联合起来种植晚秋黄梨，形成2 000亩的晚秋黄梨基地，有1 000万千克的产量，能满足一两个县城的需求，就不用发愁晚秋黄梨卖不出去或者卖不上好价钱了。这就是农业规模化的魅力。

现代新型农场，不再是单一的种植园和养殖场地，而是一种多元化经营的新兴农业体系，既可以从事单项生产，又可以从事“种植 + 养殖 + 休闲 + 娱乐”混合经营。

新兴农场的典型代表是家庭农场，最有吸引力的家庭农场是休闲农场，最受政府欢迎的农场是以生产粮食、蔬菜为主的家庭农场。

休闲农场是市民的体验需求，从市场赚钱快！

粮食、蔬菜农场是政府的米袋子和菜篮子工程，向管理要效益、从政府拿补贴一样有利可图。

这里先说几个休闲农场主的故事。

特殊身份的农场主 经典案例

消费者与耕种者达成供需协议，并直接由农场送货上门，这让农民和消费者直接成了“朋友”。与规模化、产业化的农业相悖，这种自给自足的小农经济模式吸引了越来越多的城市人加入。

北京小毛驴市民农园、北京农夫市集、翡翠湾永续农场……不同规模、不同模式的现代农场勾勒出中国式农场的轮廓。

最近几年，关于食品安全的争论从未停止过，也使越来越多的人开始关注舌尖上的安全与健康。

在远离城市中心、靠近乡镇村落的地方，涌现出一批“不打农药、不施化肥”的都市农民与屋顶农业践行者，他们正在试图通过传统的耕种方式，恢复农业的原始状态，掀起一场“农业回归”运动。

1. 卖豆浆的农场主——徐明

在北京平谷区一带，提起徐明做的豆浆，几乎无人不晓，他每天能销售豆浆 200 ~ 500 杯……长期以来，徐明家的豆浆因为纯天然、绿色，一直深受消费者喜爱。

做豆浆很辛苦，程序也很复杂。选料上，徐明用的是产自黑龙江黑河地区的非转基因大豆；泡制上，从泡豆到熬煮起码超过 8 小时，需通宵赶制；磨制上，使用的是传统的大理石石磨。每一杯豆浆都力图回归原始的制作方式，纯手工打磨。

为了增加豆浆的美味，在磨豆之前，徐明还会在黄豆中添加一些来自贵州惠水的紫糯米。据说这样能够借助稻米的清香和糯米的黏质，进一步增加豆浆的黏稠感，使豆浆不用添加消泡剂和增稠剂，就有甜香、绵密的口感。

上午磨豆浆、送菜；下午整理菜园子、猪圈；晚上采摘，准备第二天需要配送的蔬菜。这位忙碌的农场主曾经是一家世界 500 强企业的高级主管。2006 年，徐明放弃了年薪不菲的工作，在北京近郊平谷租了 10 亩地，办起了个人农场。这个近似疯狂的行为，被他自己解释为“出于对农产品新鲜度和安全性的忧心”。徐明作为国内最早一批绿色、有机农业的践行者，他的创业之路几乎是摸着石头过河，充满了艰辛。

徐明在离农场最近的山坡上放养了 500 只小鸡。每天，这些散养的小鸡在山野间啄食蚯蚓、青草。徐明想生产有机鸡蛋。没有想到，秋季母鸡下蛋时节，突然爆发了鸡瘟，500 只鸡“阵亡”了 1/3。等到母鸡可以下蛋时，能下蛋的 80 多只母鸡给他带来的是体积小、重量轻的农家小鸡蛋。

当徐明把这批大小不均的鸡蛋运到菜市场，以高于普通鸡蛋1倍的价格销售时，消费者并不买单，很多人对于有机鸡蛋的说法产生怀疑。最后，徐明只好找到熟识的亲戚朋友，贱卖甚至赠送，才“解决”了这批鸡蛋。

在这之后，徐明种过蘑菇，卖过土豆，兜售过圆白菜……而倾注心血最多的豆浆，最终成为农场持久的产品。

2. 硕士农民马建伟

农场主马建伟听一位顾客反映，他供应的小白菜长得老，嚼起来费劲；菜的品种少，每天都是黄瓜、西红柿，没有豆角、青椒。

通过沟通，马建伟了解到这位顾客老家在江西，当地人习惯吃20厘米长的鲜嫩小白菜，马建伟送来的30厘米长的小白菜明显已经老了。

“在当农民之前，从未想到会有这些情况。”马建伟感叹，搞生态、做有机、当农民，远比自己当年考北大辛苦。

2007年，在北京大学读研究生的马建伟，第一次从媒体上认识了河北省农民安金磊，对于安金磊“顺应自然、合其天性”的农耕法，马建伟很感兴趣，不用除草剂、化肥、农药的生态有机农业实践，是解决农产品安全问题的有效方式之一。

2011年，在朋友的引荐下，马建伟在北京市海淀区的上庄镇租了4个大棚，种植自己的有机蔬菜，承诺不使用任何农药、化肥、除草剂和激素，并提供尽可能多的蔬菜种类。

“每月五百块，吃上放心菜”是马建伟农场的对外宣传口号。他主要配送黄瓜、西红柿、茄子、水萝卜、圆白菜、土豆、豆角等 20 多种时令菜。每周一、周四为东部城区的顾客送货，每周三、周六送往西部城区。

农场最初只有几个客户，还都是认识的朋友，所以一直担心农产品的销售问题。随着人们对食品安全问题的关注，越来越多的消费者主动找到马建伟，表示愿意订购有机蔬菜。不到半年，马建伟手头的客户已经扩展到了上百人。

农场终于实现了盈利，股东们每个月也能从农场拿到利润分成。对有机农场未来的发展，马建伟表示，“还是充满信心的”。

3. 打假斗士孙德伟

农场准备采摘的黄瓜，受春季大风影响，一夜之间都蔫了。孙德伟雇用的农民跑过来问他，要不要打一些激素，让黄瓜外表看着光鲜些，保证销售。

“不打！我们有机农场不打激素、农药和化肥。”孙德伟坚决地说。

农民不理解：不打激素，黄瓜肯定产量低，样子蔫，一定卖不上好价钱。

几亩黄瓜眼看着要蔫，也任其自然生长。孙德伟明白，即使亏了，也不能毁了翡翠湾好不容易建立起来的有机农业系统。

同样为一亩菜地进行除虫，普通农场里，农民只需要选择几种有效的农药，在田间走几趟，喷两下，不到 1 小时就能将菜地里的害虫消灭干净。而有机农场，为了践行不打农药、不使用化肥的诺言，孙德伟每天需多花费 70 元的人力

成本，派农民低头弯腰才能完成上述工作。最后长出的蔬菜因不好看、虫眼多，得不到消费者的喜欢。

在终端市场，使用过农药的蔬菜与有机蔬菜外观上并没有明显区别。商家只要用上印着“有机”字样的包装，就能卖出有机蔬菜的价格。既然打农药也号称有机蔬菜，消费者自然会对之失去信任。为了正本清源，孙德伟用“铁鸟狼军”的网名，开始了有机农业体系的网络打假之路。

在孙德伟提供的打假名单里，一批知名农场的粮食农耕方法、蔬菜种植方式、畜禽喂养饲料等都遭到质疑。打假只是希望这个行业更加透明一些。孙德伟说，他不想毁了有机农业。然而不得不面对的现实是，有机蔬菜从“特供”走向“普供”的探索承受着来自多方的信任危机。

2. 家庭农场

家庭农场是以家庭成员为主要劳动力，从事农业规模化、集约化、商品化生产经营，并以农业收入为家庭主要收入来源的新型农业。

家庭农场是农业经营模式创新的需要，是现代农业发展的需要，是农产品质量安全的需要。

（1）发展家庭农场的意义

- 有助于促进农业经济的发展，推动农业商品化的进程。
- 有助于提高农业的整体效益，有助于生产与市场的对接，克服小生产与大市场的矛盾，提高农业生产、流通、消费全过程的组织化程度。
- 家庭农场以追求效益最大化为目标，使农业由保障功能向盈利功能转变，克服了自给自足的小农经济弊端，商品化程度高，能为社会提供更多、更丰富的农产品。

▶ 家庭农场比一般的农户更注重农产品质量安全，更易于政府监管。

▶ 家庭农场可以进一步促进土地资源的优化配置，有利于耕地的保护和可持续利用，有利于农业集约化、专业化和组织化，可以进一步激发农民的积极性，释放农业的潜力。

（2）家庭农场与农业合作社的区别

▶ 区别一：家庭农场是由一定规模的单个种植户或养殖户组成的生产经营单位，而合作社是把同类农产品的生产经营者联合起来，形成更大规模的农民合作组织。

▶ 区别二：家庭农场是农民合作的基础和条件，农场主之间的联合也为合作社规模的形成提供了基础。

▶ 区别三：家庭农场可以成为合作社的成员，合作社是农业家庭经营者（可以是家庭农场主、专业大户，也可以是兼业农户）的联合。

（3）家庭农场主与种养大户的主要区别

▶ 区别一：家庭农场主是经工商登记的法定代表人，种养大户是自然人。家庭农场只有获得认定，有了一个明确的身份，才能被列为扶持对象。

▶ 区别二：种养大户专注于生产，被动接受销售。家庭农场主既要生产，也要销售，甚至还要创建品牌形象。

二、家庭农场运营模式

了解国内外家庭农场模式，可以帮助农场主选择经营项目和经营方式。

（一）国外农场及家庭农场

中国农业与发达国家的农业相比，最大的差别是生产方式。

1. 美国农场模式

美国农场模式是典型的规模农业模式，地广人稀的国情决定了这种模式有极大的优越性。

美国农业早就“专业化分工、社会化生产”了。由于人工成本高，美国家庭农场主在“种什么”的问题上，主要选择那些适合机械化作业的农作物，比如小麦、大豆、玉米等。在我们看来不适合机械化作业的苹果园，美国人也会设法将其改良成适合机械化作业的苹果园。

美国家庭农场运营现状

美国的大型农场一年只种一季，土地休耕半年之久，土壤生态条件保持在很好的状态，小麦用飞机播种，农场主不除草，不浇水，不施肥，所有农活几乎靠外包服务公司完成，由于农资成本和人工成本很低，即使每亩收获300千克，也有200千克麦子的净利润。相对而言，中国的大型农场小麦生产过程全靠农场主自己组织完成，用人多、设备多、消耗大，即使每亩收获650千克，除去水、肥、农药和人工成本，净利润还不足200千克麦子的钱。

美国一个家庭农场人均经营200亩土地，中国的大型农场也不过人均经营20亩土地，人均规模差别很大。

美国家庭农场经济效益高，除了规模大，主要原因在于农业生产方式实现了工业化。

美国一家小麦种植农场是这样运作的：播种前，期货公司的采购人员会主动上门订货。如果小麦成交的价格是2元/千克，合同签订后，期货公司就会在期货市场上挂牌：“6个月后交货的小麦价格是2.2元/千克”。

然后，农场主就会把这份销售合同交给银行，抵押生产所需要的流动资金。到了播种的时候，农场主只要给种子公司打个电话，种子公司就会雇飞机帮你把种子播完，你签个单就可以了。银行会给种子公司开一张信用证，担保会在麦子收获后向种子公司付款。

施肥的时候，农场主给肥料公司打个电话，肥料公司会雇人到农场施肥，农场主只要签单就可以了。打药、锄草都这样。到麦子成熟时，不用通知，期货公司早就从卫星上看到了农场的麦子该收割了。农场主只管睡自己的觉，几十台收割机不用指挥就开进了农场，认认真真地把所有的麦子割完、装袋，就等农场主过磅，统计产量，然后就可以装车拉走了。

期货公司在麦子进仓后，按照合同价格给农场主结算，把麦子款直接汇到农场主的银行账户。银行在扣除生产环节签单的费用后，把差价结算给农场主，整个的种植过程就完成了。

美国农业专家的研究表明，土地面积在1 000～1 500亩的农场最适合美国家庭经营，夫妻农场虽然辛苦一点，但在经营上却是最有效率的，既能节省劳动力，又能照顾过来。62岁的布鲁翰和63岁的妻子是成功经营小型家庭农场的一个典型事例。

布鲁翰的家庭农场 经典案例

布鲁翰夫妇拥有一个占地面积为1 000亩的农场。这块土地虽然已经种植了100多年，但耕作层仍然厚30厘米。布鲁翰夫妇种植500亩的玉米、200亩的燕麦、200亩的饲料草。农场建有两座储粮仓，配有自动传输系统。布鲁翰夫妇饲养了300头生猪和150头肉用公牛，还养了许多小动物，如狗、兔子、鸭子和臭鼬和猫，农场简直成了小动物园。

布鲁翰夫妇俩虽然经营的农场不太大，但操心费力的事情却也有很多。不过由于绝大部分的饲养工作是按照电脑程序操作的，这就减经了劳动强度。例如在猪背上装超声波装置，数据输入电脑，当猪肉和骨头长到一定程度的时候，系统会提醒农场主、猪可以出栏了。拖拉机和联合收割机是布鲁翰夫妇经营农场最基本的工具，从播种、平整土地、松解土壤、喷洒农药、耕种、收割，一条龙工序，完全靠大型机械来解决。大型拖拉机上都装有 GPS 设备，随时取样分析，告诉布鲁翰什么时候干什么事。

美国农业的服务外包值得借鉴。美国家庭农场的农场主只是个管理者，农业工人才是劳动者。换句话说，在美国，“农民管理，工人种地”。

2. 日本农场模式

日本农业大多为小户经营，政府统一组织和指导农业技术推广体系，培训推广人员，直接服务农户。

日本农场模式是小农经济模式，人多地少的国情适合这种模式，韩国、新加坡和中国台湾地区的农场基本上都类似于日本农场模式。

日本家庭农场的规模比中国的还要小，但他们的效益比我们要好，这是为什么呢？日本的家庭农场在农产品销售上完全是有组织的，也就是说，日本家庭农场改变了营销方式。个体销售的最大弊端在于规模不够，导致销售中没有话语权、定价权。如果能够在销售上将个体农场联合起来，规模的问题就解决了。

日本农场模式还有一个特点——文化向农场渗透。现代农业背景下的体验、休闲、娱乐都融入了家庭农场。

规模决定话语权——无奈的茭白 经典案例

我国南方某地，菜贩用 1 角钱的价格向农民收购茭白，而超市的零售价能达到 1 元！问农民为什么不能卖贵一点，农民说：“1 毛卖给菜贩我能赚 2 分，不卖给菜贩，我的茭白卖给谁？去城市一趟不划算，卖不出去就要赔 8 分。”就这样，90% 的农产品差价进了流通领域而没有留

给生产者。这说明一家一户的小农经济已经不适应市场经济的需求了，假如种植茭白的农民是个农场主，他种植了200亩茭白，还会以1毛钱的价格卖给菜贩子吗？不会的！再假如，很多种植茭白的农场主联合起来，成立一个“茭白协会”，共同运作市场，那么周边城市的茭白价格很可能由“茭白协会”说了算。这就是“农协”的力量。

3. 以色列农场模式

以色列创作了农业神话。一组惊人的数字可以诠释以色列“新农人”的伟大智慧。以色列是一个严重干旱缺水、靠海又靠沙漠的国家，农村人口只占总人口的9%，可耕地面积占总面积的20%，由于干旱，其中一半的耕地必须灌溉。可以说，以色列不适合发展农业，但以色列不仅实现了1个“新农人”可以养活90个国民的目标，还把多余的蔬菜、水果、花卉出口到欧洲，成为欧洲的“后厨房”。

以色列人玩转了农业，首先是玩转了水。

以色列人提升了农业，还没有污染水源。

以色列人是怎么做到的呢？

以色列农业模式实际就是高科技农业模式，“智能工厂”是以色列农业的真实写照，因为现代农业经营成本很高，所以政府补贴很多，农业补贴措施是很多国家推崇的农业发展模式。

以色列的农场主说，我们像关心孩子一样照看着农作物，作物当然能生长得很好；我们养的奶牛一般不拴绳子，让奶牛舒服才会得到更多的优质奶；我们依靠集体农庄、合作社、个体农户等形式经营农业，通过研究人员、推广服务人员、农业经营者以及工业部门的协作，让农业生产得以持续而稳定地增长。

以色列人不仅发明了滴灌，还把微灌、喷灌等节水技术用到了极致。

以色列的作物现代设施栽培、水产设施养殖、家禽智能设施养殖、现代奶牛养殖、精准施肥等，都将成为中国家庭农场的样板。

以色列无土栽培番茄 经典案例

以色列人可以把番茄种到3米高。在以色列智能工厂的蔬菜大棚里，3米高的番茄，结满了果实，令人惊奇的是番茄的根只生长在厚10厘米、宽10厘米的长形基质包内，一根黑色的小塑料管插入基质包内，提供水分和养料。因为长得高，这些西红柿都用绳子高高地吊起来，每一个分枝上结有十多个果实。

愿意涉足高效农业的育种农场、设施农场可以效仿以色列模式。

4. 农业O2O模式

随着生活水平的提高，人们对于食材有着越来越高的要求。提倡就近种植，当天采摘，健康饮食，本地化食品运动也就成为欧美和日本等国家继有机食品风潮之后的新生活风尚。

在这样的背景之下，O2O（O2O为电子商务模式，即线上网店到线下消费）平台应运而生。在这个看似农产品“淘宝”的平台上，有它独特的地方。打开网站，首先映入眼帘的是一张布满绿、红、蓝、紫色的美国地图。其中，绿色方块标注的是农场所在的位置，红色代表农贸市场或商店，蓝色表示由附近农场供给的餐馆，紫色则是杂货店所在的位置。输入你所在地的邮编，网页上就会提示你附近的农场、市场和餐馆等信息，顾客可通过O2O平台实现购物。这种模式适合城市周边的家庭农场联盟采用。

美国有超过200万个农场，其中80%都是小农场。这些小农场通过O2O平台可以把自家农产品直接卖给消费者。

农产品如何走上O2O之路，美国生鲜电商（生鲜产品电子商务的简称）的经验或许值得借鉴。这个连接本地小农场的网购（即网上购物）平台，一直在宣扬“真实的食物，真实的农人，真实的社区”，通过地图检索系统可便利选购本地农产品，买家既可以要求本地区快递业务，也可以去农场实地考察、学农务农，好比让生鲜买家来玩“开心农场”。

O2O依赖农业互联网和发达的物流，农产品从田间到餐桌，如何得以保证在最短的时间内实现，相信中国的农场主会想出一个好办法。另外一个重要的问题是如何保证安全性？靠良心、靠道德是无法保证的。

这个没有定论的新型模式也许蕴含着巨大的商机，你准备好了吗？

知识链接

O2O来源于美国

O2O通过促销、打折、提供信息、服务预订等方式，把线下商店的消息推送给互联网用户，从而将他们转变为自己的线下客户，这就特别适合必须到店消费的商品和服务，比如餐饮、健身、电影和演出、美容美发、摄影及百货商店等。

O2O商务模式的关键是在网上寻找消费者，然后将他们带到现实的商店中。它是支付模式和为店主创造客流量的一种结合（对消费者来说，也是一种“发现”机制），实现了线下的购买。

营销原则：①营销必须靠自己。②跟用户使用同样的在线工具。③内容营销强于广告。④服务也是营销环节。⑤服务的结束并非营销的终点。⑥客户讲故事更有说服力。⑦激发客户分享。⑧在线营销就是互动。⑨信任比价格重要。⑩拉到线下是关键环节。

5. 农场主的王国——丹麦

丹麦是世界上城乡差别最小的国家之一，是全球公认的农业问题解决得最好的国家之一。丹麦农业劳动生产率处于世界领先水平，养猪业生产效率更是世界第一。丹麦没有像中国那样的“农民”，都是清一色的“农业工人”，其农业经营的专业化很有特色。

丹麦可以称得上是个地地道道的“农场主的王国”，全国大约有6.7万个农场，家庭农场平均拥有600亩土地，87%的农场不雇用帮手，主要依靠家庭内部劳动力。家庭农场都是私人经营。

（1）农业劳动力只占总人口4%　丹麦是北欧一个农牧业高度发达的国家。在丹麦500多万人口当中，从事初级农业生产的人口只有4%，每个农民人均可供养225人的生活消费。农民耕种的土地面积占国土总面积的63%。

丹麦没有山脉，也没有大的湖泊。广阔的原野上都是大小不等的农场，几个农场之间镶嵌着漂亮的市镇。在这片土地上，农场主要种植冬小麦和春大麦，以及油菜、甜菜、牧草和马铃薯等作物。

根据丹麦农业部规定，农场主不得向自己的子女无偿赠送或遗赠农场。

丹麦政府为青年农民开设的抵押信贷机构可提供以土地为抵押的大额贷款，而抵押的土地就是青年农民父母经营的土地。如果到期不能交付利息或偿还本金，抵押信贷机构将接管整个农场。

按照丹麦法律，抵押信贷机构允许的贷款额只能相当于农场总价值的70%，只承担最小风险。这种途径往往可以缓解农场的资金短缺问题，能给农场注入持续经营的资金。

丹麦农场经过40年的发展，原本综合性农场逐渐演变成专业的养猪场、奶牛场，或专门从事耕种的生产农场。还有一部分专门养殖家禽、肉牛、毛皮动物的养殖农场，或种植甜菜、种子植物、室外蔬菜等农作物的种植农场。

丹麦法律规定，购买超过450亩土地的农场主必须接受为期5年的农业学院正规培训，才能承担管理农业的责任。

在丹麦，农产品出售由农民自己成立的农业协作社负责，每个农场主都是农业协作社的成员，农场主必须把他的全部产品提供给协作社建立的商业公司，而且公司不能拒收。农场主专管生产，商业公司专管销售。

任何人，只要他拥有产品并接受把全部产品都交给协作社的约定，都可以参加协作社。为了防止协作社内购买产品时压级、压价，协作社内部通过选举或投票的办法选择供货者。协作社有董事会，定期选举管理人员。通过协作社来解决卖方与买方的纠纷和利益冲突，是丹麦沿袭了一个世纪的传统。

（2）在丹麦想当农民可没那么容易

在丹麦想当一个农民可没那么容易。丹麦“农民”是富有的代名词。一个农民要想有一个属于自己的农场，他必须首先积累一定的资金或贷款，然后按照当时的市场价格去购买农场。

丹麦素有“欧洲食橱”的美誉。原因是，丹麦农业的生产方式既能解决以家庭农场为主体的初级农业产品上市，又能保障加工、流通领域的农产品增值。

丹麦的农民都是高学历，全国共有25所农业院校，每年入学新生为1 200人，获得“绿色证书”的约有900人。一个丹麦青年通常需要5年学习才可获得“绿色证书”。

（3）丹麦农场主苏瑞　长满银色络腮胡的丹麦农民苏瑞经营着900亩土地，他种植了11个品种的土豆，为的就是防止天气突变导致其中几个品种绝收。他说：“我无法控制大自然，但我想和大自然找一个平衡。”

在苏瑞看来，农业是一个童话世界，可以尽情在自己的土地上试验，享受农业带来的快乐。丹麦很多土地是比较贫瘠的，但丹麦农民孜孜不倦地通过各种手段在改良农田，提高土地的利用率。苏瑞的农场无论种植什么，土地全部施用牛粪，他的芦笋远近闻名，一个离农场约30分钟车程的13世纪城堡的蔬菜全部靠苏瑞供应。苏瑞设立了自己的个人网站，在这个充满图片和生活轶事的丹麦语网站上，他推荐各种农产品。

苏瑞不做有机农业，他认为规矩太麻烦，检查太多，不好玩，他的坦诚让哥本哈根最大的餐馆老板情愿驱车2小时来购买蔬菜。

在丹麦，有3 000多名技术顾问服务6万多个农场，丹麦农业技术服务系统是由农民自发参与、组织和控制，而不是政府强制组织的。

种植900亩土地会不会很赚钱？苏瑞的回答竟然是“NO”。

由于种植规模太大，苏瑞和他的妻子每年4～6月芦笋收获季节都要雇用4个工人，费用很高。尽管如此，苏瑞也不愿意接受欧盟的农业补贴（这项补贴可以每年拿到15万元人民币）。在这个朴实的农民看来，补贴会限制生产农产品的自由。有补贴的农产品生产量很大，价格就会很低，受影响的还是农民。

丹麦法律规定，所有的土地裸露不得超过一定时间。所以，苏瑞的农场到处是绿色，农场已然和自然融为一体。

私有的土地让丹麦农民对自己的土地如同对自己的孩子一样。除了享有土地产权外，农民还拥有自己土地上一切事情的发言权。最近瑞典的一家公司准备在苏瑞的田地周围建设24个风车，这些风车在15年内将会有2 600万元人民币的收益，但是苏瑞坚决反对，金钱不是唯一的，“我喜欢这里的风景，在这里可以和大自然形成一种平衡”。

（二）中国农场及家庭农场

中国农业从2014年开始大力提倡发展家庭农场，由于政策扶持，中国家庭农场将会迅速发展。但家庭农场化进程需要一个漫长的探索过程。

1. 中国家庭农场的类型

（1）根据地理环境的差异分类

都市型家庭农场

都市边缘的“家庭休闲农场”具有以下特点：①区位好、交通便利；②农场主素质好、能力强；③农场自然条件优异，基础设施完备。④农场主要满足城市居民休闲放松的需要，提供养生、生态教育、欣赏田园风光的服务。

一位80后吃货的家庭农场梦 经典案例

一位叫“梅州时空”的微友说，因为自己是个十足的吃货，感觉现在吃的东西没有了小时候的那种口感，加上周围人对食品安全的微词，他经过两年的考察，决定在城郊租块地来经营一个家庭农场。

2012年初，村民们都好奇说他放着城里的生活不过，跑到这里来开荒做农民，图什么啊？这一年他开荒锄地坚持了下来。

2013年初，他放养鸡、鸭、鹅、猪，生产纯正的农家畜禽，市场别提多火了。正当他为畜禽粪便发愁时，乡镇干部给他推荐了沼气项目。畜禽粪便在沼气池里发酵后的沼渣和沼液又可以用来种植蔬菜。这种循环农业模式给他带来了优质蔬菜的买卖。

为了找回小时候食材的自然味道，他种植黑麦草等来养殖四大家鱼，养殖青壳蛋鸡和土鸡。2014年初，他的土猪肉在熟人圈子里卖火了。

为了吸引城里的“恋乡人”，他在农场周边种上了樱花、枇杷、芒果、火龙果等果树和观赏花木，庄园与自然美景结合，形成一个纯粹的田园景色。

“梅州时空”用三年的勤劳实现了家庭农场的梦想，其中的艰难和风险大家都懂。这里只想告诉大家，家庭农场有多种经营模式，这个案例属于运营较为成功的都市型家庭农场。

过渡型家庭农场

位于城市“卫星”的乡镇，以设施农业为主要经营业态；区位好、投资大，希望和风险并存，可以建立新的经营模式，可以培育消费者新的观念，不会受限于传统农业的旧观念，吸引消费者以更高的价格购买新创意农产品。

乡村型家庭农场

更趋向于传统农业文化，属于体验型的农业；着重展示乡村具有的传统文化、乡村独有的特色农业、乡村的传统节庆等；基于繁荣乡村经济、传播农耕文化的同时，承载着建立特色乡村、提升农民社会地位的任务。

中国南方有很多梯田，梯田文化成为一道亮丽的农业风景，中国首批19个农业文化遗产，其中有四处是梯田文化。借助这个优势，南方家庭农场可以走梯田文化的路子，这就是乡村特色。

梯田景观家庭农场走的是乡村旅游的路子。

中国北方有很多民俗文化村、古村落、名镇、地理标志性村镇，在这些地方发展特色乡村型家庭农场得天独厚。

偏远型家庭农场

这类农场一般远离城市、交通不便、人口稀少、农业资源结构单一、农业用地成规模、污染少、生态资源保护较好，适合创办较大规模、单一品种、集约化、机械化的“家庭农场”。发展突破口是：基础设施建设（道路、水利等）、品种改良。

偏远地区的天然优势是污染少，在这里办农场，必须突出“天然、优质、原生态”的概念，农产品走高端路线。

如河南省卢氏县位于豫西山区，特殊的自然环境适合发展黑木耳，卢氏县农业主管部门大力扶持黑木耳种植农场，众多的菇农纷纷借黑木耳创业，打造了一个“卢氏黑木耳”品牌。

（2）根据农业资源的区别分类　可分为五种类型：家庭农场、家庭林场、家庭牧场、家庭渔场及其他类型（如家庭果园、家庭菜园、家庭茶园、家庭药材园、家庭菌园、家庭花园、家庭桑蚕园、家庭苗圃、家庭养殖园等）。

这几年，中药材市场热炒铁皮石斛，全国石斛主产区不少农户开始人工种植铁皮石斛，石斛种植家庭药材园得以迅速发展。在广西容县，一位叫涂启强的农民在自己家的楼顶上办起了石斛种植园，一年收入超过 10 万元。这类家庭药材园创业成功的条件有两个：一是市场因素，好卖。二是政府帮扶，容县县政府组织农业技术推广人员经常到铁皮石斛家庭种植园，通过“传、帮、带”或各种培训，把技术教给铁皮石斛种植户。

知识链接

霍山石斛

霍山石斛是中国国家地理标志产品，产于安徽省霍山县。霍山石斛对生长环境的要求特别苛刻，野生石斛是国家重点二级保护的珍稀濒危植物，禁止采集和销售。霍山石斛在历史上是皇家御品，是九大仙草之首，有很高的养生价值。目前，人工种植石斛技术较为成熟。

气候湿润、植被茂密、阴凉通风的环境适宜石斛生长，有条件的家庭药材种植园可以发展石斛种植。

（3）根据经营方式的不同分类

单纯生产型

单纯生产型的“家庭农场”，以农产品的种植、养殖为核心，以出售初级农产品为主要经济来源。如大型水稻、小麦、玉米种植农场。

参与互动型

参与互动型的“家庭农场”，是利用农业景观、自然生态和环境资源，结合农村生产、农业活动、农业文化及农业生活，提供农产品以外的互动参与，融合农业生产、农村生活和农产品加工等于一体的家庭农场，如家庭观光农场、家庭教育农场、家庭休闲农场、家庭加工农场等。

2．中国家庭农场现有的模式

（1）种、养结合模式　种、养结合是种植业和养殖业循环发展的生态农业模式。养殖畜禽的粪便经过发酵可以作为种植农作物的肥料，种植业生产的农作物和饲草又为畜禽提供了食物来源。

种、养结合三种模式

“牧草—作物—奶牛”种养模式　农场种植牧草和饲料玉米，为奶牛提供食物；奶牛粪便经过无害化处理后，成为有机肥，用于种植牧草和农作物，这样既可以防止环境和土壤污染，又可保证奶牛产出的鲜奶达到绿色食品的标准。

“粮—菜—猪”种养模式　在养猪条件较好的农业区，先考虑种粮、种菜，再用粮、菜养殖猪，猪粪便经加工处理可成为有机肥，有机肥经过发酵可以施于粮田或菜地。

稻—鳅种养模式　在水资源丰富的农业区，在稻田四周开沟放水，养泥鳅。泥鳅与水稻相互提供营养。

（2）循环农业模式

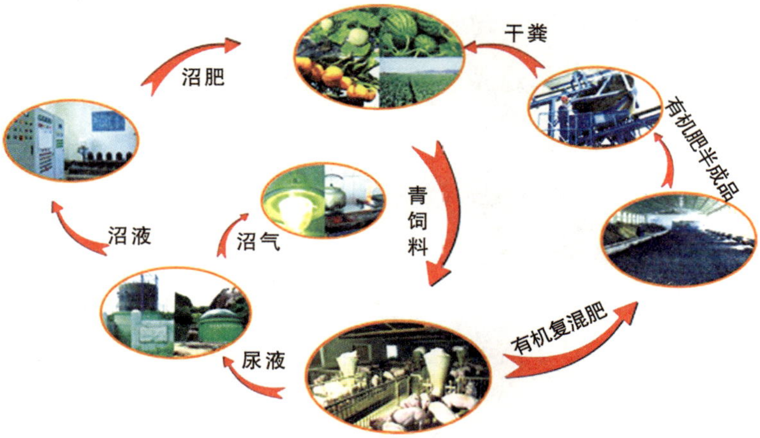

循环农业七种模式

猪—沼—菜模式　农场建一个6～8米^{3}的沼气池，养5头以上的猪，配套1亩左右的露地蔬菜，猪粪入池，沼肥种菜，以沼渣作底肥，沼液作追肥，通过沼液叶面喷施来抑虫防病。

配套大棚蔬菜时，在0.8亩塑料大棚内建8米^{3}的沼气池，饲养3～5头猪。人、畜粪便进入沼气池内，沼气烧饭或为棚内生产照明、升温，为蔬菜生产提供肥源；沼渣、沼液过管网作肥料改良土壤；棚内生产基本不施化肥，农药用量也大大减少，增产幅度20%～30%，且品质大大提高。由于猪舍沼气池建在日光温室内，猪生长快且节省饲料，增加了养猪的经济效益。

猪—沼—果模式 农场建一个沼气池，年出栏3～5头猪，种1～2亩果树，用沼渣、沼液作为速效有机肥用于果树追肥，能使果品品质提高1～2个等级，增产幅度可达15%以上，生产成本下降40%。

种—养—加模式 该模式适用于从事传统农产品加工的农户，如做豆腐、磨粉等。以加工的下脚料（如豆渣、粉渣）喂猪，猪粪入沼气池，沼肥用于种植无公害水稻、蔬菜等；沼气用于烧饭、加工、照明。

鱼—桑—鸡模式 池塘内养鱼，池塘四周种桑树，桑园内养鸡。鱼池淤泥及鸡粪作桑树肥料，蚕蛹及桑叶喂鸡，蚕粪喂鱼，使桑、鱼、鸡形成良好的生态循环。试验表明，每5 000千克桑叶喂蚕，蚕粪喂鱼，可增加鱼产量25千克，年产鸡粪1 200千克，相当于给桑园施标准氮肥18千克，磷肥17.5千克。

鸡—猪—鱼模式 饲料喂鸡，鸡粪发酵后喂猪，猪粪发酵后喂鱼，塘泥作肥料。以年养100只鸡计算，将鸡粪喂猪，可增产猪肉100千克，猪粪喂鱼可增捕成鱼50千克，加上塘泥作肥料，合计可增收1 000元。

牛—鱼模式 将杂草、稻草或牧草氨化处理后喂牛，牛粪发酵后喂鱼，塘泥作农田肥料。2头牛的粪便可饲喂1亩水面塘鱼，年增产成鱼200千克。

> **家畜—沼气—食用菌—蚯蚓—鸡—猪—鱼模式**
>
> 秸秆经氨化、碱化或糖化处理后喂家畜，家畜粪便和饲料残渣制成沼气或培养食用菌，食用菌下脚料繁殖蚯蚓，蚯蚓喂鸡，鸡粪发酵后喂猪，猪粪发酵后喂鱼，沼渣和猪粪养蚯蚓，将残留物养鱼或作肥料。

（3）专项生产模式　单一生产某种农产品的农场因规模、技术和设施条件不同，又有不同的生产模式，比如专门生产蔬菜的农场，可以单季或双季露地栽培，也可以四季大棚栽培；可以单一生产商品蔬菜，也可以分租给城镇居民休闲种菜；具备技术优势和人才优势的农场，还可以专门从事蔬菜育苗等。

（4）有机农场模式　有机农场模式是专门为特定消费者生产安全性高的农产品，从中获得高于传统农业收益的农场模式。

大众对有机食品的向往，使有机农场的前景一片光明。有机产品走出农场，到达超市或消费者的餐厅，中间经过复杂的供应链，包括生鲜物流配送、产品信息推送等一系列环节，实际操作并不简单。目前，有机农场运营模式有两种。

有机农场运营模式	一种是做平台，整合各区域优质农场资源，建立网上营销渠道，实现区域生产和供应链对接。
	一种是做农业电商，大物流、零售企业等已经进入生鲜电商领域。

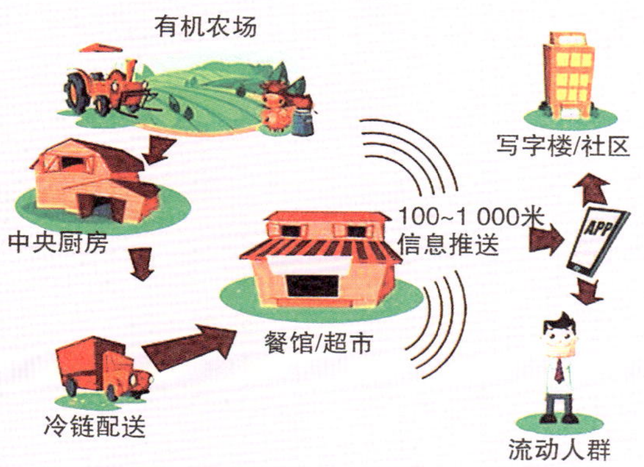

有一家软件公司规划了一条农业电商O2O应用流程。在这个流程中蕴藏着很多商机，有机农产品从农场主手里到消费者餐桌上，要经过种植、采摘、包装、配送、超市、消费者几个环节，也可以直接到消费者。

（5）台湾家庭农场模式　台湾家庭农场的理念——亲近自然，把农耕文化融合到农场中。

宜兰县是休闲农场密集的区域

由于龟山岛的旅游资源，加上离台北市一个多小时的车程，宜兰县对台北市民来讲是短程休闲的好去处。农场虽多，但绝不千篇一律，而是家家都富有特色。

藏酒休闲农场

主题特色是“酒”。一进农场便看到一家酒廊，旁边便是农场的餐厅，每一道菜在做法上都配合了酒的元素，牛腩是用酒沁过的，八宝鸭还会浇上酒，拿火点燃，火苗瞬

间蹿起来，几秒钟之后服务生再将它熄灭。此外，农场还提供品酒、酿酒DIY的体验。

北关农场

北关农场主打的是螃蟹，老板甚至自建螃蟹博物馆来吸引客人，经常有东南亚的客人慕名而来。一进去就能看到各种螃蟹的造型，螃蟹博物馆一层是标本，二层是活体展示。老板娘李妈妈说，龟山岛螃蟹有特色，我们便建了这样一个博物馆，螃蟹标本的制作技艺，成为农场招揽客人的绝活。

龟山岛农场

龟山岛是一座活火山，成就了一个奇特的海底世界，螃蟹族群中有龟山岛特有的物种——“乌龟怪方蟹”。它生活在沸腾的温泉口，周围最高温度可达140℃，在硫黄纯度很高的洞穴和缝隙中，靠着吃被烫死的浮游生物生存，是全球极为少见的生态体系。农场的螃蟹博物馆通过展示螃蟹类型，希望更多的人能了解龟山岛。农场的建筑注重与周边自然的协调，如选用木屋、原有畜舍的改造形成特色。各种亲山、亲水步道，维护原有的生态样貌，像是森林公园。

头城农场

一个农家种植的乐园，城市里的孩子可以体验插秧、喂羊、采摘橘子等农家生活的乐趣，DIY的T恤和环保袋，所用的主要材料是一片一片的树叶。

胜洋水草休闲农场

水草文化馆成为科普乐园，手工制作水草瓶，传递生态理念，利用水草、夏威夷火山虾以及消化菌构成生态循环结构，水草在光合作用下可以生长藻类提供给小虾食物，消化菌可以将虾的粪便分解成水草的养料，构成一个自足的微型世界。农场将生产、生活、生态整合起来，形成了水草的文化符号。

三、家庭农场主的素质和眼光

家庭农场主是家庭农场经营和管理的决策人。

家庭农场主是未来最自在、最阳光和最富足的蓝领阶层。

家庭农场主用自己的亲身体验告诉你，以后种田是人们向往的行业。

1. 家庭农场主的素质

成熟的心理素质

在家庭农场管理和经营中，会遇到很多压力，还会遇到意想不到的自然灾害，要有“任凭风浪起，稳坐钓鱼台”的风度，没有稳定的情绪、成熟的心理，很难干得长久。坚强的意志是非常重要的，对于家庭农场主而言，坚毅、顽强、果断不仅是其性格特征，更是其管理和经营能力的基础。在具体问题的处理上，高明的家庭农场主总是表现出灵活的姿态，富有进取心，他们对生活、对未来总是充满激情，具有开拓创新的精神。

诚信经营的素质

对家庭农场主而言，诚信乃立业之本，古人也曾云：“言而无信，不知其可也。”家庭农场主在创业过程中，如不讲信誉，就无法开创出自己的事业，失去信誉，就会寸步难行。诚信，就是说话办事要言出必行，生产的农产品要讲质量。时刻牢记遵纪守法是开创事业的安身立命之基，诚实守信是事业发展壮大之本。

较高的科技文化素质

家庭农场的发展离不开农业技术的进步，也离不开农业技术的更新和推广，家庭农场主是科技的实施者，其科技文化素质直接影响先进科技的应用。中国农业的现代化要靠新型职业农民来推进，家庭农场主将是新型职业农民培育的一分子，所以当前的家庭农场主，要立足自身事业发展，放眼全国农业形势，积极参与到新型职业农民培训中，最大限度地提高自身科技文化素质，为家庭农场的发展提供技术支持。

2. 家庭农场主的眼光

（1）农场应从长计议　未来的中国农业靠农民专业合作社、家庭农场、种养大户和农业企业，这是解决“谁来种地，怎么种地”的最好途径。这一政策定位给家庭农场主指明了道路，农场的发展应着眼未来，从长计议。

家庭农场主有胆识，才会有眼光，看准的项目，该出手时就出手，该投入时就投入，敢做第一个吃螃蟹的勇士。

心得体会

一位农业前辈总结干农业的经验时说：

干农业，靠的不是运气，而是踏实肯干，不能贪图小利，要有长远眼光。

干农业，不能急躁，欲速则不达，要有规划、有安排、有耐心地干。

干农业，要有胆气，敢突破、敢创新，展现农业男儿的真本色。

第一个吃螃蟹的人 经典案例

天津市宁河县苗庄镇后捷村的于继霞，一个大学生出身的新型职业农民，家庭农场主。

于继霞的1号蔬菜大棚，西兰花已经到了采收的季节。肥硕的叶片里，一个个碗口大小的西兰花从中间茁壮地生长出来。2013年，在市农科院专家的帮助下她开始种西兰花，选用了优质品种，避免了散球、小花球、不结花球等问题，每个温室大棚种植效益比种普通蔬菜效益高几倍。现在她的家庭农场建有30多个蔬菜大棚，种有20多种蔬菜。蔬菜品种好，还全部实施绿色生态种植。在2号黄瓜温室，满棚的黄瓜秧已经长到半人多高，翠绿的瓜秧上结了不少黄瓜。“尝尝我家种的黄瓜，放心吃，绝对跟普通的黄瓜不是一个味道。”

于继霞还养了500多只乌鸡，她养的乌鸡品种好，饲料安全，确保了鸡蛋达到无公害标准。2013年春节，每千克乌鸡蛋售价卖到了30元。

2013年4月初，于继霞来到工商所想申办一个家庭农场，这正好符合今年中央一号文件。2013年4月10日，工商部门专门给她开通“绿色通道”，在第一时间为其发放了本市第一个家庭农场营业执照。于继霞说，按照政策，家庭农场成立后可以享受金融、政策等方面的支持，她如同吃了一颗定心丸。

于继霞每天早晨4点多起床，先摘菜然后开车到县城卖菜，早饭从来顾不上吃，午饭常常是馒头就着从大棚里拔出的几根大葱吃，直到晚上8点才回家吃顿正经饭。于继霞的30多个蔬菜大棚、500只乌鸡，再加上果树和鱼塘，每年可以获得30多万元的纯收入。

家庭种植农场不是不赚钱，关键看你种什么，怎么种。

农场要从长计议，源于农业的周期性相对较长。一个农产品生产周期短则几个月，如种菜、种草莓、养鸡、养猪、养兔；长则几年，如种樱桃、养奶牛。农场从小到大，经营者也需要时间和经验。因此，农场主要沉下心来，稳扎稳打，为食品安全良心经营。

（2）身在农场，心在市场　农场主应该坚持市场第一的经营理念，农场的一切问题，如项目、产品、技术、人才、钱、物……都应该向市场要答案。这些要素从哪儿来、到哪儿去，农场主是决策者，想好了，再找专业的人士来解决具体问题。

对市场的三种认知

- 市场可控，农产品唯一性强，你就可以任性一点。你养的蝎子卖多少钱你说了算，你就是最大的赢家。
- 市场不可控，但农产品成本控制得好，能够顺应市场变化，你就能玩转农场。
- 市场听天由命，只关心生产，不关心市场，你很可能会失败。

对市场的把控是农场的生命线。比如，你有一个茶园农场，你可以等着茶商来你的茶园收购茶叶，你也可以到附近的茶叶市场去销售茶叶，这些传统销售方法仍然可以延续。但你别忘啦，远方还有无穷的茶客、茶叶店和茶馆在等着你的茶叶，你只需要在网上让别人知道你的茶园，只要是好茶，意外的交易就可能发生。你甚至可以带着你的茶叶参加不同地域的茶叶会展。你会发现，外面的世界很精彩。

农场主绝不能在大市场面前实施传统小农营销的策略，哪怕你就种10亩西瓜，你也要想办法和附近的西瓜（农户）农场联盟，抱团经营，对外宣传拥有百亩、千亩基地，包装出一个大市场，统一对外销售。

盯住市场，不仅要盯住本地市场，还要盯住国内其他地区市场，甚至远望国际市场。

互联网思维下茶品牌先行者——微茶时代

经典案例

中国茶叶市场无序竞争的局面比战国时期还乱，像样一点的茶企（如信阳市文新茶叶有限责任公司）可谓凤毛麟角。中国是茶的原产地，但世界上最大最知名的茶叶品牌“立顿”在英国。“立顿”茶叶的年产值可以和中国所有茶企年产值的总和比肩，为什么呢？因为“立顿”一开始就围绕品牌做“从茶园直接进入茶壶的好茶”。

终于有一天，一群亲近“微时代”的年轻中国人把茶叶店从线下实体店搬到了网上，微茶一开始就知道如何在暗流涌动的茶叶市场破茧而出，推出“只属于新时代的茶”品牌概念。微茶要做的是让中国茶文化遍布世界，让茶成为第一饮品。微茶提供的是简单、乐趣、动感、活力、个性的绿色茶产品。

微茶不是简单地将茶叶搬到网上，而是用一种接地气的营销策略，让消费者与品牌产生共鸣。选择微信商城卖茶叶，是因为微茶定位的消费群是年轻人，微信是吸引这个群体并能与之互动的通道，用这种方式与年轻人交流，便于把茶与文化以娱乐、互动的形式传递给新生代，符合互联网思维中用户至上的原则。

在互联网大环境下，一个品牌若想给消费者带来好的用户体验，除了重营销，更得重品质，否则再好的营销也只能名噪一时，产品质量好是一切的根本。

（3）看准项目　搞农业要赚钱靠什么？

有人说靠勤劳苦干，一块地辛辛苦苦种了一年，也许颗粒无收。

有人说靠投资，投资一个项目花很多钱，也许没有盈利。

同样是种地，有人就种出了黄金；同样是投资，有人就成了千万富翁。

为什么同样的事，有人干成了有人却没干成呢？关键是眼光。农业赚钱靠的就是眼光，说白了就是能发现农业商机。

山西省临猗县的农民发现有人高价收金蝉，就觉得这是个机会。于是，他们夏季白天在果园里劳动，一到晚上，就拿着照明工具和小桶到果园里捕捉金蝉。然后拿到市场去卖，一桶金蝉就能卖几百元。金蝉让临猗县的农民轻轻松松地挣了钱。有人说这是运气，不是的，是他们发现了商机，找到了农业快速致富的方法。

延伸阅读　农业项目投资内参

农业项目选择的原则：一是受环境和气候影响小的项目；二是有一定的规模，能形成产业化的项目；三是投资周期相对较短、政策性风险小的项目；四是技术密集型或者资源密集型且附加值较高的项目；五是流通广泛具有产品品牌的项目，六是可以组织化、规范化、标准化的项目；七是尽量规避农村人际关系，政策扶持力度大，符合城市化发展方向的项目。

农业项目推荐

农业最前端的种业

种业是农业最重要的生产资料。随着现代农业的推广发展，种业市场前景广阔。2014年中国种业产值550亿元左右，未来几年种子潜在市场总额将达到900亿元。在国际市场，种业资本云集的大产业，美国的孟山都种业年销售额达到50亿美金。

种业是技术密集型产业，利润率相对较高，可以规模化、规范化，国家产业政策也支持。种业和品牌是农业产业链条“微笑曲线”的两端，是长线投资人的首选。

资源密集的特色种植业、养殖业

宋鸿兵先生曾在微博上这样评价新西兰农业：“新西兰靠世界上最绿色的农牧渔业，将在未来十年成为比澳大利亚铁矿更牛气的战略资源。农业板块在未来全球股票市场中必定大放异彩，而产量稀缺、品质无可替代、严禁转基因的新西兰农产品，会像茅台酒的股价一般一飞冲天。”

地理标志性农产品的种植、养殖需要得天独厚的地域。特定的地域也就形成了独有的资源优势。拥有资源优势的特色种植业、养殖业将有巨大市场，附加值高，当然是投资圣地。

国家对具有地理标志性的地方特色农产品实行了农产品地理标志管理，如新疆的哈密瓜。

农用机械和农用物资经营

2014 年我国农机市场保持快速增长，1~9 月，大中型拖拉机销售 31.6 万台，同比增长 20.14%。75 家收获机械生产企业生产收获机械 63.4 万台，同比增长 30.22%；插秧机总销量达 8.8 万台，同比增长 14.5%。随着我国农业产业结构调整和土地流转速度加快，农村劳动力的紧缺，农业对农业机械化的需求量还会加大。农用物资也同样有巨大的需求。农用机械和农用物资经营不受天气影响，是投资的福地。

农产品加工业

农产品加工业无疑是最受资本青睐的。因为加工产品市场大，不受天灾影响，附加值高，还贴近消费者，容易形成影响力打造品牌，也容易上市融资。中国目前涉农上市企业数量最多的就是农产品加工业。加工业是投资重地毋庸置疑。

有机农业，休闲观光创意农业

有机农业的兴起源于人们对环境和安全问题的重视，以及对美食品质的追求，对自然的回归意识。这个市场潜力很大。

休闲观光创意农业这几年更是风生水起，“休闲观光创意农业”是指以增加农产品附加值为目标，在农产品研发、生产、加工、营销、服务过程中，以及在农业节庆、农业科普、农业电子商务、农业总部经济、农业审美、农业旅游、农业创新活动中进行生产创意、生活创意、功能创意、科技创意、产业创意、品牌创意和景观创意，通过营造优美意境，创造农民独特的增收模式。乡村旅游、采摘体验越来越受欢迎，将是投资的集聚地，既聚人气，也聚财气。

农业服务业

农业技术服务、信息服务、仓储冷冻物流服务，甚至是土地流转服务都是有广大发展空间的项目，是农业对接消费者的桥梁纽带，这些服务业不受气候环境制约，附加值大，有巨大的潜力。

台州市路桥区横街农丰植保服务专业合作社是一家专业从事为农作物开展病虫代防代治和统防统治的植保专业合作组织，为横街镇6 000 多亩的水稻种植提供植保服务。

互联网农业

互联网的兴起是流通的革命。曾有人说“或者电子商务，或者无商可务”。互联网给农产品插上了翅膀，使这个地域化的产品能打破时空界限，具有巨大发展潜力。

农业园区建设

建设现代农业园区是推进农业转型升级的主阵地。相对于传统意义上的农业示范园区、示范基地，现代农业园区必须要体现产业发展优势、集中连片发展，主导产业示范区要求突出某一产业、某一特色农产品为主体，特别是发展农产品加工型园区、设施装备型园区、加工物流型园区、科技型园区、生产基地型园区，并对周边起示范带动作用。农业园区建设是各地农业项目招商引资的招牌项目。

四、开办家庭农场须知

“洛阳河之南家庭农场”是河南省首家登记成立的家庭农场。洛阳市孟津县农民陆利峰是中原大地的第一个农场主，他是怎样申办家庭农场的呢？

1. 家庭农场的申办条件

以家庭成员为主要经营者，通过经营自己承包或租赁他人承包的农村土地、林地、山地、水域等，从事适度规模化、集约化、商品化农业生产经营的，均可以依法登记为家庭农场。

申办家庭农场，可以在你的户口所在村，也可以在其他地方，比如你在外地打工时，觉得那个地方气候、水土等条件都不错，也可以在那里创办你的家庭农场，不一定在自己村里。想在哪里创建自己的家庭农场，就向所在地的县市工商局申请，也可以向所在乡镇或者街道的工商所申办。

2. 起个好名字

申办家庭农场事先要给农场起个好名字。

不管家庭农场采取什么组织形式，名字后缀必须带有“家庭农场”四个字。具体名称可以用你的姓名、商标作为字号，还可以用字号申请商标注册。

申请登记为个体工商户类型的家庭农场，名称统一规范为“行政区划 + 字号 + 家庭农场”如原阳县东天家庭农场；个人独资企业家庭农场名称统一规范为“行政区划 + 字号 + 家庭农场”或“行政区划 + 字号 + 行业 + 家庭农场”如原阳县黄河稻谷家庭农场；合伙企业家庭农场名称统一规范为“行政区划 + 字号 + 家庭农场（普通合伙或有限合伙）”或“行政区划 + 字号 + 行业 + 家庭农场（普通合伙或有限合伙）”；公司制家庭农场名称统一规范为“行政区划 + 字号 + 家庭农场 + 有限（责任）公司”或“行政区划 + 字号 + 行业 + 家庭农场 + 有限（责任）公司”。

3. 家庭农场的组织形式

按照现行的登记制度和现有的市场主体类型，家庭农场可申请登记为个体工商户、个人独资企业，符合法律法规规定条件的可以申请登记为合伙企业或有限责任公司。

个体工商户、个人独资企业和合伙企业这三种组织形式，意味着你要对自己经营中所负的债务承担无限责任。有限责任公司这种组织形式，意味着你对自己经营中所负的债务只承担有限责任。

（1）无限责任　就是一旦你在经营中亏了本或者欠人家的钱，如果你的家庭农场所有的财产都不足以偿还债务时，你还要用自己的所有家当或者家庭的全部财产来偿还债务。如果你是以个人名义注册成立的家庭农场，对所负债务一般就以你个人的全部财产来偿还债务，但家庭农场经营收入用于家庭生活的费用除外；如果你是以家庭的名义注册成立的家庭农场，对所负债务就以你家庭的全部财产来偿还债务。

这里的关键词在于“主要用于家庭生活”和“家庭”。如果你的家庭农场赢利所得全部或者主要用于你的家庭生活了，而不是全部或者主要用于扩大再生产了，那么，这时基本上可以考虑对你所欠的债务用你的家庭财产来负责清偿；如果你以家庭名义注册自己的家庭农场，已经与原来同住的家庭成员分家另过，并且不是为了逃避债务恶意这样做，那么，对你所负的债务，只能以与你同住的共同生活的家庭成员的共同财产来偿还债务，其他分家另过的没有参与家庭农场经营管理的成员、没有参与分配利润的原来的家庭成员就不再负担债务了。

不过，无论如何，按照法律的规定，即使法院强制执行时，也要给你和你的家庭留有保证日常生活必需的费用和财产。

（2）有限责任　如果家庭农场的组织形式是有限责任公司，万一农场赔钱了，只要以家庭农场现有的财产为限承担责任就可以了。万一破产了，一般不会影响你原来的家庭生活水平。

但是，新公司法已经有了“戳破公司面纱”的规定，就是说，即使你以有限公司的形式注册了家庭农场，也可能因为你违反了公司法的相关规定，从而使公司这堵“墙”不能再起到保护你个人和家庭财产的作用了。

组织形式不同，意味着申办家庭农场时需要的注册资金和手续不同。比如，采取个体工商户、个人独资企业或者合伙企业形式，注册资金按法律规定一般没有具体要求，尤其是个人独资企业。不过，个人独资企业也有公司形式，合伙企业也可以有有限责任的合伙人。

4. 申请注册家庭农场需要提供的材料

家庭农场的经营场所（或住所）可以是经营者所在地家庭住址，也可以是种植、养殖地所在村址。家庭农场按个体工商户、个人独资企业、合伙企业形式举办的，其设立申请材料中无法提供经营场所权属证明的，可由所在村民委员会或乡镇政府出具该场所使用证明；按公司形式举办的，其住所登记按《中华人民共和国公司登记管理条例》和国家工商总局有关规定办理。

5. 出资

家庭农场申请人可按有关规定以货币、实物、土地承包经营权、知识产权、股权、债权、技术等多种形式、方式出资。家庭农场以个体工商户、个人独资企业或者合伙企业创办的，出资采用自行申报制；以公司形式创办的，出资应符合登记所依据的法律法规等有关规定。

6. 家庭农场形式转换

登记为个体工商户、个人独资企业或者合伙企业类型的家庭农场，可按有关转型升级政策规定，申请转办为有限责任公司类型的家庭农场。经登记的家庭农场，可按有关规定出资，成为农民专业合作社的单位成员或公司的股东。

7. 家庭农场的经营范围

家庭农场的经营范围以农业种植、养殖为主，可以种养结合或兼营相关研发、加工、销售以及农场休闲观光服务。不涉及前置许可的，可直接核定为“家庭农场经营”，或依申请按具体项目核定；涉及前置许可的，应依法办理有关手续。

8. 注册家庭农场的费用

家庭农场登记按有关规定免收登记费、年检（验照）费和营业执照工本费。

五、开办家庭农场的准备工作

1. 前期工作

（1）产业定位　主导产业最好选择具有当地特色或特有的农产品，最好一个（最多不超过两个），以利于成功模式的复制和规模拓展。特色并非追求稀奇古怪，能体现当地生态、文化、传统习惯的产品都能发掘特色。

（2）项目考察　做好准备开发产品的市场表现和生产方式的调查分析。考察工作可采取亲自考察和委托专业机构相结合的方式进行。一份高质量的可行性报告是项目成功的基础。

（3）登记注册　按程序完成登记注册。

（4）团队组建　视农场建设规模而定。确定投资主体团队、技术团队、管理团队三个类别，解决资金来源、技术依托、管理措施。

（5）组织架构、职责分工以及制度设计　最好能在农场建设之初就确定下来。

2. 建设工作

（1）基础设施的改造与完善　重点考虑交通顺畅、灌排方便、便于机械操作、利于生态维护的地区。前两点，一般的设计单位都能做到，后两点个性化要求强，既要满足主导产品生产的特殊要求，还要兼顾效率、审美、成本控制等各个方面，但最能体现创业者的智慧，也利于长远发展。在基础设施建设中，有几项工程上的软指标，但却是生产上的硬要求，包括：水系的清理，改善水质条件，提高基地抗旱抗涝能力；土壤的改良，提升土质条件，奠定生产优质产品基础；绿化林带，减少风灾、改良空气条件。可以在农场启动建设时一并开展，也可以在农场运行过程中逐步推进。

（2）装备、设备的配套　包括农业机械、库房、场地、产地粗加工、保鲜和育苗系统、运输机械等。

农业机械装备效率的发挥，需要三个方面互相协调配套：一是不同机械之间的数量功能相协调配套，不在于一种机械多先进，而是整个系统是否高效；二是机械与基础设施、库房场地设施相协调配套；三是机械系统与操作人员技能之间相协调配套，缺一不可。

在装备建设上，关于设施用地问题，国土资源部（2010）“155 号文件”为农场和农业用地建设农用设施开了个窗口。规模匹配问题不能仅仅着眼自身农场，可考虑为周边农场提供社会化服务。

（3）争取政策资源　一方面，农业创业者要理直气壮地寻求来自于政府部门的扶持；另一方面，要扎扎实实地做到引领发展方向、示范先进技术、创新运行方式，实现农场增收。好的项目不愁没有政策扶持。

家庭农场建设可能争取到的对口扶持项目

- 农业综合开发、高标准农田等基础设施建设项目（规模足够大）。
- 农业产业化扶持项目（有龙头作用的农业经营主体）。
- 地方专项扶持项目（符合地方农业发展主推方向）。
- 合作经营或社会化服务等新型经营主体扶持项目（面对大量中小型合作社家庭农场）。

关于扶持项目的申报，农场主一要多关注，二要多研究。研究扶持的主体性质、规模要求、产业方向、建设内容、建设要求、绩效目标等。项目申报的过程是农场在更高层次向社会推荐展示的过程！根据产业、地域、时限等关联关系，可多个农场申请一个项目，也可一个农场在不同建设阶段申请不同的项目。

3. 农场运行准备

（1）产业布局　主导产业最好一个。

传统农业在种养循环、间套轮作上的经验，值得借鉴发扬。

有一定规模的农场可以自己规划一主多副的产业格局。

多个小农场也可以通过各自产业间的生态关联形成生产联盟，从而在一定空间区域内做出特色、丰富产品，实现生态循环。

（2）市场开拓　对传统农业来说，种得好不如卖得好，好东西还要会吆喝。对现代农业来说，家庭农场要追求新的商业模式，特别是电子商务，通过社区支持、点对点配送等新形式可快速成长。

这里给农场主们推荐一大批新农人，他们是新农业的探索者。

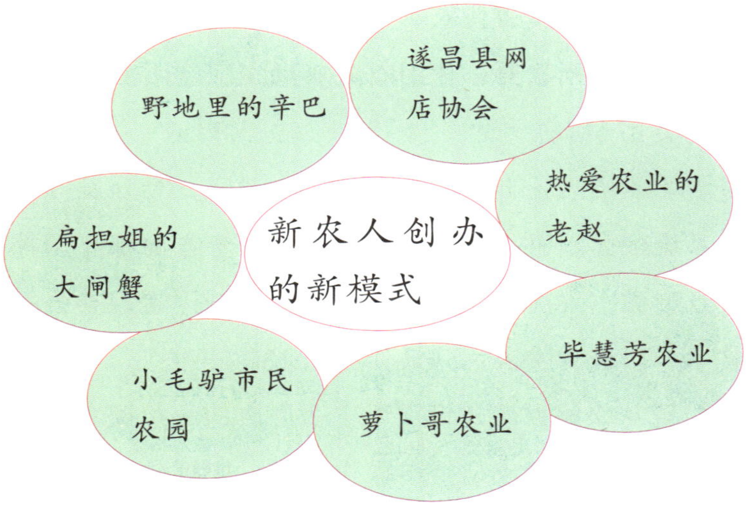

互联网为农产品市场开辟了新途径，利用媒体把自己农场生产的好东西宣传出去，是家庭农场主的新课题。

这里给农场主们展示一下互联网营销，希望你能悟出点什么？

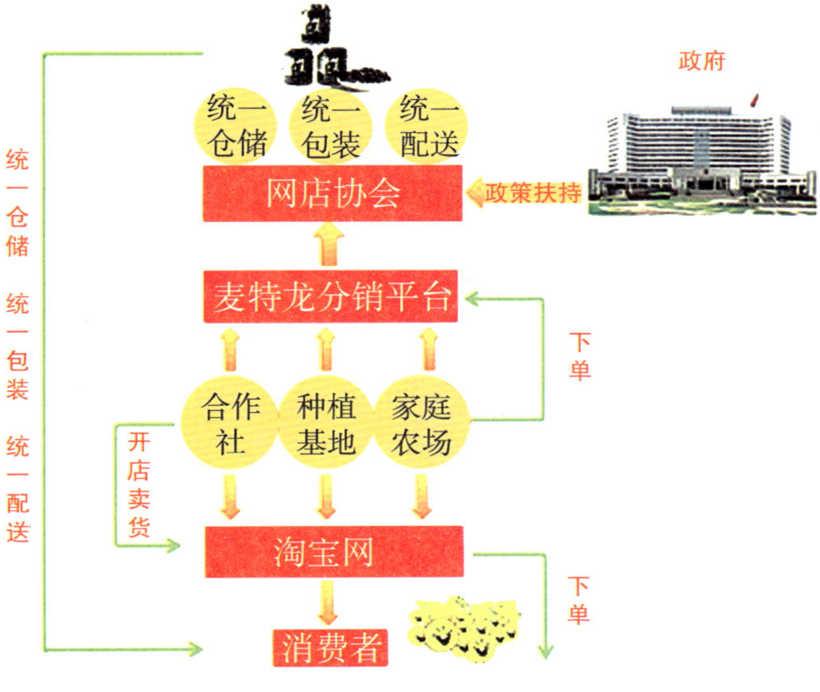

（3）技术运用　农场主不一定是技术员，但要了解科学技术。

在实践中要不断学习，如种植业农场主应学习良种优质高产栽培技术、土壤培肥与植物营养技术、病虫草害防治植保技术、农业机械应用技术、农产品保鲜与加工技术等，养殖业农场主应学习动物习性、养殖关键技术、动物疫病特性、兽药饲料用法等，休闲农业农场主应学习旅游服务技巧、经营方法、生态环境美化等。

农场技术升级必须把握的原则：一是因地制宜，充分发挥现有的自然条件优势；二是系统配套，温、光、水、肥、气各个方面都有调控措施，不留死角；三是重点突破，解决影响产量或质量的限制因素，补强短板；四是优先采用成熟技术，以最少投入达到最佳产出效果。

（4）人员配置　家庭农场建设需要三个层次的人员配备：一是管理营销人员，二是技术指导人员，三是生产操作人员。规模较小的家庭农场，农场主要在这三方面加强自身能力的培养。

农场生产经营可以寻求社会化服务，依托专业的科技服务机构干农活，有专门的服务机构从事耕地、施肥、浇水、除草、收获、经纪、防疫、储运等。这在一定程度上可减少农场的人员数量和类型配置。农场主最好建立一个可靠的“技术员、专家服务通道”，可以直接找当地农业科技服务部门，也可以在网络上通过专业论坛、QQ 群，或利用手机微博、微信平台连线专业技术人员，目的是随时解决生产经营中的难题。

细节决定成败，农场的一点点疏漏都会影响盈利水平。

第二单元
农业大趋势

单元提示

1. 农场主不可不知的现代农业基本知识。
2. 有哪些新兴农业适合办农场。
3. 农业可以预见的商业模式。
4. 不可忽视的食品安全。

一、未来十年最大的金矿——现代农业

1. 各路资本向农业挺进

马云、王健林、刘强东、朱新礼、柳传志这些中国企业界的传奇人物，下一步投资的热点在哪里？说出来让人惊奇！这些走在时代前列的企业家们，全部目光一致地盯上了现代农业！

马云正在农业方向下一盘很大的棋，农产品营销将步入电商的时代！

▶ 万达的王健林斥资数亿在延庆种菜！

▶ 京东的刘强东，圈了几千亩地高调进入中国农业！

▶ 汇源的朱新礼在北京郊区运作了一片有机区域，从果农变身菜农！

▶ 联想控股专门成立农业投资事业部，并调任联想集团开拓市场上最得力的少帅，负责一项新的核心业务——“现代农业”！

这些资本巨头盯上农业及食品领域意味着什么呢？

市场规律决定，资本将向有利于资本增值的方向流动，无疑，以上企业家的行动传递了一种信号——农业将是下一个金矿！

传统农业因低价值、慢运作的方式一直处于价值链的底端，而以现代生产方式、加工方式和经营方式运作的现代农业，却无疑是一个潜力无限、财富巨大的庞大产业，一个继互联网之后的“新兴产业”。

马云的农业布局

- 阿里 B2B 拆分为二，分别服务国内和国外农产品批发。
- 淘宝网立志打造 31 个土特产馆。
- 淘宝网推出有机频道，打造生态农业服务链。
- 聚划算以“生鲜农产品”作为消费者驱动型商品。
- 天猫物流部部署农村网点。
- 支付宝搭建企业和合作社融资平台。

马云投资伊利牧场的消息刚一传出，乳业行业震动。未来几年，马云将携千亿巨资打造新农业帝国。

联想投资董事、总经理李家庆称，加速农业投资布局，是基于国家近年来对现代农业的日益重视，政策放开打破了许多农业企业的发展瓶颈。既然发展现代农业已经成为国家战略，不跟着政府的脚步投资，不是装傻，就是真傻。

农业市场的巨大，来源于由传统农业晋身为现代农业的强大转变和升级潜力，来源于消费者对农产品不断上升的高端需求，来源于初级农产品升级为深加工农产品时客观的利润空间，更来自于从传统经营转向现代营销后农产品难以估量的高额附加值。

中国农产品定能做大做强，这是国家政策、社会与经济环境、产业规模、技术条件、竞争环境、消费者消费水平达到一定程度时必然出现的结果，其力量势不可挡，我们正迎来这一宝贵的机遇，进军现代农业时不我待。

2009 年，丁磊宣布将投资数千万元建立养猪场，并声明“养猪不是网易的一项投资，而是公益项目”，目的是“通过养猪来探索农业生产新模式，同时，为解决食品安全问题做一些尝试”。

在过去五年中，虽然遇到诸多困难，项目前期投入较大，但公司表示，“把这些成本分摊到 20 年，其实就没那么高了”。

作为一家互联网公司，网易将养猪项目定位于最新的现代化、零污染的养殖试验项目，致力于解决“量产养殖”对周边环境污染这一行业难题，通过引入先进的养殖技术与设备，优化专业管理，争取为中国现代农业的发展做出贡献。

丁磊说："我们从来没有忘记我们的初衷，作为以创新为核心价值的互联网公司，我们希望能以互联网精神去改变传统的养殖业——就像通讯、电商（电子商务的简称）、教育这些已经被互联网改变的领域一样。我们坚信种因得因，种果得果，我们的果实可能来得有点晚，但一定比其他的都甜。"

目前，汇源已拥有新疆阿尔泰 10 万亩野生沙棘基地、北京密云 1 500 亩有机蔬菜基地、山东德州 1 万亩示范基地，并开发了有机农作物种植等项目。

无论是宏观环境还是市场走向，农业都正显示出无限的潜力。当前农业政策利于资本进入农业，处于高速发展期的农业有利于企业获得较高的回报率。

政策利好，社会经济条件允许，消费在升级，企业在觉醒，一场前所未有的现代农业革命到来了！

2. 农业商贸大趋势

家庭农场主一定要清楚地认识到，不是所有的农产品只要生产出来就能上市交易，食品安全监管是农产品走向市场的第一道门槛，尽管目前市场准入还没有那么严格，但这道门槛离你越来越近。第二道门槛是终端消费者自发设置的，马云的电子商务和农业物联网技术正在构建这道门槛。未来农产品市场将拒绝"公害"，认可品牌。消费者会清清楚楚地知道每天吃谁生产的农产品。

无论什么市场，渠道商始终掌握着市场的绝对话语权，并肆意盘剥着生产商，多少年来，这似乎是永恒不变的真理。但是，如今在食品领域，这个真理恐怕得改写了。“产品溯源”已经成为食品消费者的共识，生产者、生产环境、生产标准等基本要素，被消费者格外重视。也就是说，生产商完全可以借助“产品溯源”的大趋势，以“品牌力量”得到消费者的认可，从而坚定品牌消费的忠诚而不再屈服于渠道商的蛮横。

3. 农业大变革

（1）农业适度规模化　过去，农业是小农经济，一家一户经营，生产规模比较小，效率比较低，成本比较高。现在农业规模化趋势非常明显，土地流转的加快，各路资本的推动，家庭农场和专业合作社这些较大规模的新兴农业经营主体得到政府的扶持。农业适度规模化经营，是转变农业发展方式，实现农业“第二个飞跃”，促进农业增效、农民增收的重要途径。

（2）农产品价格上涨　农产品未来价格肯定会走高。中国人均土地面积只有1.24亩，世界平均水平为人均3.05亩。中国人多地少，生产成本高，消费增加，农产品价格提升是不可避免的。

（3）生物技术应用加大　日本基本上不用化肥了。日本和欧洲对生物技术要求比美国还要高。美国是规模化农业，还在用化肥。中国农业为了保障食品安全，对生物技术的运用将会加大。

农业生物技术是运用基因工程、发酵工程、细胞工程、酶工程、育种工程等，培育新品种、生产生物农药、兽药与疫苗的新技术。

（4）物联网及农业装备业兴起　以色列的土地资源非常匮乏，农作物生长环境比较恶劣，但以色列能成为育种大国，一个重要原因就是农业装备；美国农场播种玉米已经靠飞机了。日本农产品依赖物联网，已经实现了全程监控，超市里一把芹菜是在哪块地生产的，谁配送的，只要你愿意追溯，就可以轻松找到。

（5）布局全产业链　上游原料成本和下游渠道费用的挤压，让涉农企业产业链向上下游延伸，大型农业企业开始整合资源，布局全产业链。做芝麻油的企业从芝麻种植到深加工，再到电子商务和物流，甚至想直接面对终端消费者。小农场主一样可以构建自己的产业链，将市场主动权牢牢把握在自己手中。从这个意义上说，以农业为依托的大食品产业将会有长足的发展。

任性的湖北荆州小龙虾，因为有了完整的产业链，虽然集结在荆州，却爬得很远很远……

（6）重视食品安全和品牌形象　回顾过去两年的瘦肉精事件、塑化剂风波、老陈醋勾兑传闻、速冻食品病菌门……这些恶性的食品安全事件，让消费者对企业品牌的信任失去耐心。有眼光、有社会责任感的企业家开始介入现代农业，严把产品质量关，从源头上预防问题出现。

（7）渠道布局从“大而全”到“小而精”　不断上涨的渠道费用，让农场主开始思考要不要寻找新的、更独特的、更经济实惠的渠道。这个新渠道已经出现，如网店、电子商务。旺旺集团选择不进商场里面的超级市场，着力布网，整合一个城市所有的便利店、社区店资源，绕过二级批发商环节，直接供货，大大降低了渠道费用，效果十分显著。

（8）新兴媒体的运用更普遍和成熟　创业型农民接触网络的热情来源于寻找致富门路。新兴农场主更愿意借助手机、电脑了解市场信息和先进技术。通过微博、微信等卖茶叶，通过互联网学习养猪技术……现代农业似乎一夜之间插上了信息化的翅膀。

（9）联合、重组、兼并更加频繁　土地流转是小农户兼并的催化剂，合作社是小农户重组的代表作，产业链延伸是农场主跨界联合的大动作。

农场发展到一定规模，有必要引入战略合作伙伴，上游向农资、农机压成本，下游向物流、商家要利润，想从别人的口袋里掏钱，合作是最好的办法。

二、展望新兴农业

1. 品牌农业

从雪域高原到东部沿海，从茫茫草原到巍巍武当，都留下了“强农兴邦中国梦，品牌农业中国行”的足迹；农产品品牌价值评价体系呼之欲出；“中国优质农产品信任系统和智慧电子商务基础云平台”取得新突破……农业需要品牌建设。

（1）品牌强则农业强　中国独特的自然生态环境、种养方式和人文历史，千百年来已经形成了众多特色农产品。这些特色农业资源不仅是大自然的造化，更是一笔珍贵的历史遗产，蕴藏着巨大的经济、社会和文化价值，正在成为地方经济社会持续发展的主要载体。如淮安品种鸭养殖、河北宣化庭院漏斗架式葡萄种植、贵州从江侗乡稻鱼鸭系统、浙江绍兴香榧树栽培、云南元阳梯田……

淮安品种鸭，因为放养，价格坚挺……

河北宣化庭院漏斗架式葡萄园，因为入选世界重要农业文化遗产如第一批中国重要农业文化遗产而成为传统葡萄园的一张靓丽名片。

贵州从江侗乡稻鱼鸭系统开启了侗乡旅游热线，品牌农业无疑是一张有价值的牌。

农业现代化水平比较高的地区，往往都是品牌农业发展比较快的地区。实践表明，谁重视品牌，谁的资源价值潜力就能得到充分释放。

未来农业是大生产、大市场、大流通、大品牌的现代农业。购买品牌农产品，已经成为越来越多人的消费习惯。买香梨要找新疆的、买大米要买东北的……农业品牌时代已经扑面而来！

“品牌农业中国行活动”走进拉萨，发布了“拉萨净土”公共品牌标志。拉萨正在探索发展以“拉萨净土”区域品牌为引领的净土健康产业。湖北十堰“武当道茶”产业也在品牌和产业整合中寻找突破……

即将踏上农场主征程或者已经是农场主的朋友们，你考虑过自己的农产品品牌吗？农产品品牌建设是个系统工程，包括品质基础、营销手段、市场环境等。这些条件里，有的是政府之责，有的是市场主体的事情，有的是行业调控能力问题。不管责任在谁，我们都要先从内心树立起一个良心品牌。

（2）品牌农业的特征

武夷山大红袍 经典案例

武夷山大红袍是武夷山最负盛名的茶，被誉为“茶中之王”，生长在九龙窠内的一座陡峭的岩壁上。经茶师评定，大红袍茶冲至9次，尚不脱原茶真味——桂花香，而其他名茶，冲至7次，味就极淡，从而夺得了“茶中之王”的桂冠，并闻名海内外。

阳澄湖大闸蟹 经典案例

阳澄湖大闸蟹，又名金爪蟹，产于阳澄湖。蟹身不沾泥，俗称“清水大蟹”，体大膘肥，青壳白肚，金爪黄毛。肉质膏腻，十肢矫健，置于玻璃板上能迅速爬行。每逢金风送爽、菊花盛开之时，正是金爪蟹上市的旺季，农历九月的雌蟹、十月的雄蟹，性腺发育最佳。煮熟凝结，雌者成金黄色，雄者如白玉状，滋味鲜美，是享誉中国的名牌产品。

拥有地理标志性农产品的地区，品牌容易建立，但维护品牌较难。

农产品地理标志是指农产品来源于特定地域，产品品质和相关特征主要取决于自然生态环境和历史人文因素，并以地域名称冠名的特有农产品标志。

怀山药是一种生长在河南省焦作市温县（历史上的怀庆府）的具有健脾胃、补肝肾、药食同源的珍贵药材，是典型的地理标志性农产品。其他地方生产的山药不能称为怀山药。市场上正品怀山药的价格要比其他山药高很多，至于怎么证明产地，这是品牌保护的事，权且不说。

农产品地理标志是推进优势特色农业产业发展的重要途径和有效措施，

是打造农产品区域性品牌的重要途径，可有效促进农业产业化发展、高效农业发展，有利于规范特色农产品市场的竞争秩序。

2. 有机农业

（1）有机农业的定义

国际有机农业运动联盟对有机农业的定义——能够维持土壤、生态系统和人类健康的一种农业生产系统。

欧盟对有机农业的定义——在生产中完全或基本不用人工合成的肥料、农药、生长调节剂和畜禽饲料添加剂，而采用有机肥满足作物营养需求的种植业，或采用有机饲料满足畜禽营养需求的养殖业。

有机农业体现：健康、生态、公正、谨慎。

（2）有机农业的技术要点

有机农业的五个技术要点

土壤改良 谷物轮作及绿肥（覆盖）是有机农业的基本技术，能够带来固氮的豆类作物常用作此功能；间作不仅可用以防治病虫害，也是提高土壤氮含量的方法。

杂草管理 有机农业强调杂草的抑制而非清除，结合使用各种文化的、生物的、机械的、物理的及化学的方法而非合成除草剂。

虫害防治 有机农业一般采用综合病虫害防治法，可结合使用轮作、改良土壤、保持清洁、提供益虫的栖息地、防虫网、保持作物多样性等方法，可使用经过严格审核的生物灭虫剂。

堆肥 包括绿肥和动物粪便，堆肥广泛运用于有机农业当中，其中使用动物粪便必须经过一定的发酵过程才可用于土壤当中，且产品需经过一定时间的自然生长才可以被食用。

转基因 有机农业的关键要素之一是坚决抵制转基因动、植物。

（3）有机农场，离现实有多远 “如果你倦了，如果你累了，请拥抱大自然。”这是一个农场主名片上的一句话，显然，这个农场主对市民向往田园生活的愿望了如指掌。城里人休闲的时候，很想钓钓鱼、挖挖野菜，在稻田里走一走、吃顿农家饭、摘摘葡萄、小树林里打打牌，或者在近郊租块地种种菜，城里人当农民的需求已成为一种潮流。

越来越多投资者开始把目光投向生态休闲农场，这只适合城市周边和自然环境独特的地方。大多数农场主不适合做这种买卖，但这种经营理念可以效仿。

有机农场靠大资本才能玩出明堂，除非你的农场在西藏或偏远的山区，占据自然优势。

（4）有机农场遵循以下五大基本原则

选址要学会利用土地信息平台

有机农场对地理环境的要求严格，所以合适的土地难找。

有人脉才能找到合适的土地，靠土地经纪人找地，中介费、考察费不会少。无论买地还是租地，都需要一笔可观的投资。

怎么才能找到合适的土地呢？学会利用土地信息平台。目前，全国已有很多土地流转信息平台，尤其土地资源网是目前国内唯一的、最大的土地行业门户网站。

聘请专家要知人善用，适合农场

当有机农场主需要对有机农业有较全面的了解，需要有对农场经营有一定经验，但这一点很难做到，通常有钱的人没技术，有技术的人没有钱。

开办有机农场仅仅靠走访几个示范农场，或者听听几个人的建议，往往要走很多弯路。最好的办法是聘请有机农场经营专家，让专家来帮忙设计规划、传授经验，听听人家的亲身经历，花这笔钱值得。

选择专家要知人善用，不一定要找规划院的，完美不是有机农场的标准。不要以为名头大的专家就是最好的，合适的才是最重要的！

特色定位贵在于精

有机农场要打消参观者的顾虑，需要让人家眼见为实，你有哪些“有机”措施可以说服人。生态休闲农庄是有机农场的窗口，最怕的就是没特色。假如能给人家一个世外桃源的感觉，处处是原生态的，还愁没有回头客吗？

主题单一，突出特色。比如北京的南瓜主题公园，以单一蔬菜“南瓜”为主题，把观光、娱乐、餐饮休闲、科普文化融为一体，招徕了不少游客。2012 年这个小小的南瓜园经营产值超过 26 亿元。

有机农场的亮点是原生态。休闲农场的一切元素都要围绕原生态做文章。比如，居住地采用原木、竹子结构，青砖蓝瓦，石板石磨……饮食结合当地的习惯和天然食材，原汁原味的家乡味道就是招牌。

有机农场和休闲农庄不仅要让人看，还要让人体验。为参观者提供自己动手的项目，拔草、种菜、喂羊、摘黄瓜……乐在其中才有吸引力。

规划和投资要有长期的准备

有机农场投资大，回报周期长。因此，一定要有长线投资的准备。

基础设施建设一定要做好，最好一步到位。选择项目切忌盲目跟风，野猪养得好好的，看到别人养鹿很火，马上换成梅花鹿，很容易导致农庄没有自我特色。

创新才能出彩，都搞“观光、休闲、农家乐”，为什么不能搞“老年养生”“亲子体验”“农家厨艺”等特色项目呢？农场无论与什么项目融合，都要坚持做下去，除非你的选择开始就是错的。

政策和潮流趋势也是商机

永远记住，土地永远是最稀缺的资源，不可再生，谁先占有，谁就占有财富！

有机农场的土地资源更是炙手可热的香饽饽，国家出台的一系列利好政策都为家庭农场和生态休闲农庄，尤其是有机农场带来了巨大商机。

什么是潮流？是众人共同的意愿去向。农场热，消费者都往农场拥，商机自然就来了。

做有机食品的都“任性” 经典案例

做有机农场最“任性”的当属英国王子查尔斯，装太阳能电池板提供暖气，种芦苇建造有机的排污系统，收集雨水来灌溉土地……查尔斯兢兢业业地在他的有机农场经营，30 年来，英国的有机耕种面积增加 100 多倍，查尔斯的公爵家庭农场成为有机农业的典范。

去郊区当农场主

温室大棚变“货架”，挂在藤蔓上的瓜果蔬菜变“商品”，田埂筑成水泥通道，游客推着购物车穿行其中，既可观赏又可采摘，最后到出口处“收银”，这样的“超市”你听说过吗？

“田间超市”的主人是湖北省吉农沃尔特农业有限公司董事长魏晓明，他扎根武汉市场近十年，也是位不折不扣的有机“疯子”。“我可以轻松地大量生产符合超市要求的产品，但我不愿这么做。”魏晓明说，他想培育有机市场做到公司上市。

前途看似光明，道路却颇为坎坷。国内有机行业发展十年，目前很少有成功种植案例，在这个混沌的有机市场里，他要摸着良心和石头继续过河。

不一样的技术

在农场的田埂边，隔几步立着一个类似变压器的装置，摁动按钮，一段呜呜咽咽的声音响了起来。魏晓明说，这叫声波助长仪，发出的声音，人听起来像噪音，对植物来说却是美妙的音乐。依据植物的生长规律，每周听一两次，每次约半小时，能提高产量。

大棚上方有一层高压电网，相当于穿上了一层“电蚊帐”，能隔绝虫害；昆虫诱捕器能发出特殊声光，吸引蚊虫自动投网；在蔬菜基地配备全自动节水灌溉设备，各种瓜、菜采用立体栽培技术，采用滴灌方式比周期漫灌节水65%……

采取立体栽培和有机基质栽培，让丝瓜“腾空而起”，吊在空中生产。

有机认证与劳动力培训

做有机农场，不认证谁信？

2009年，魏晓明向国内权威认证中心提出有机基地认证申请。按照认证要求，他对200亩地进行了有机土地转换，并对生产基地进行了隔离带处理。改造基地土壤、水、大气环境让魏晓明费尽心思，到2012年他才拿到南京国环有机产品认证中心颁发的“有机转换产品认证证书”。

三年纯投入1 500万元，2013年还在亏损，2014年才开始盈利。

有机认证证书究竟要花多少钱？多家机构的报价显示，有机证书的费用需1万元。但多数情况下，证件到手前，要花几万元。魏晓明花费了不少钱，其中咨询费3万元，认证费加上检查员费用共2万元，有机标志使用费1万元，土壤、水质、大气检测费1.5万元。

生产过程中，人力支出是最大成本。现在农民干一天体力活，没有100元没人干。魏晓明与相关农业院校专家联合搞研发，再把经验传授农民，经过魏晓明技术培训的农场农民“个个都是精品”。

有机食品卖价高的原因

创新是有机农场的灵魂。500克重的迷你小南瓜，蒸得和红薯一样好吃。深绿色的黑苦瓜有抗癌效果。一天吃5个降糖辣椒，十个月可以治好血糖病……有机食品功能独特就是卖点，但卖点需要消费者认可。

有机栽培成本要比普通栽培贵10倍，所以有机农产品的市场价格比同类普通产品价格至少翻番。“两个长得差不多的农产品，一个比另一个贵上一倍多，消费者怎么会选择有机农产品呢？我们只有通过外形上的特色加上特殊的食疗功效吸引顾客，等顾客接触并接受有机理念进而变成忠实顾客，然后我们再推广有机常规食品。”魏晓明说。

3. 休闲农业

休闲农业是以农业为基础，以休闲为目的，以服务为手段，以城镇游客为目标，农业和旅游业相结合的新型产业。

休闲农业经营者就是休闲农场主。

休闲农业的功能

- 生产功能——为游客提供优质、绿色、生态、安全健康的农产品。
- 生态环保功能——保护和改善生态环境，进行环保现场示范。
- 社会功能——吸引城镇居民到郊外，认知农业和农村，促进城乡融合。
- 农耕文化教育和传承功能——让游客在了解和学习农业知识中，参与生产活动，体验农作，理解农民，缩小城乡差别。
- 休闲功能——设计好休闲项目，吸引游客来娱乐、度假、体验。

4. 智慧农业

(1) 智慧农业的意义

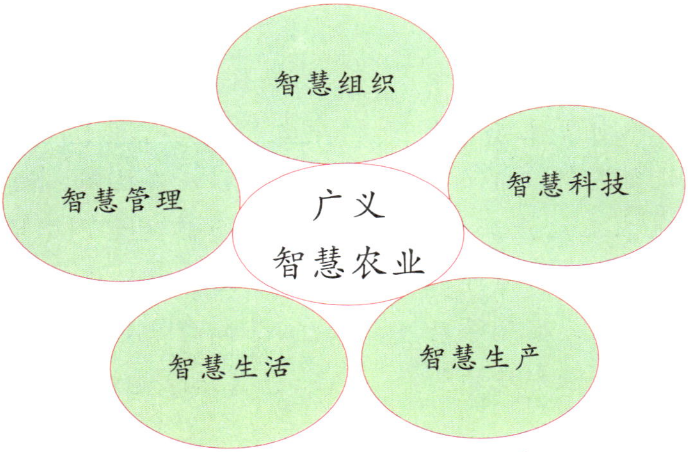

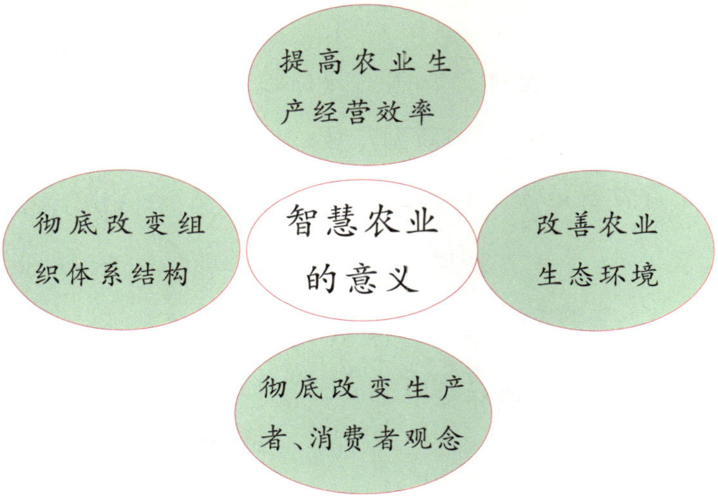

（2）智慧农业的应用领域　智慧农业是继现代农业后农业生产的又一高级阶段，综合利用了物联网、云计算、互联网、RFID、电子商务等高新技术，依托物联网传感网技术、云计算 SAAS 运营模式、RFID 的溯源功能实现农业生产的在线管理、科学育种育秧、智能灌溉、生产管理、食品溯源、农业电子商务等。

农业生产环境监控

通过布设于农田、温室、园林等目标区域的大量传感节点，实时地收集温度、湿度、光照、气体浓度以及土壤水分、电导率等信息并汇总到中控系统。农业生产人员可通过监测数据对环境进行分析，从而有针对性地投放农业生产资料，并根据需要调动各种执行设备，进行调温、调光、换气等动作，实现对农业生长环境的智能控制。

食品安全

建立农产品溯源系统，通过对农产品的高效可靠识别和对生产、加工环境的监测，实现农产品追踪、清查功能，进行有效的全程质量监控，确保农产品安全。物联网技术贯穿生产、加工、流通、消费各环节，实现全过程严格控制，使用户可以迅速了解食品的生产环境和过程，从而为食品供应链提供完全透明的展现，保证向社会提供优质的放心食品，并且保障合法经营者的利益，提升可溯源农产品的品牌效应。

智能农业大棚

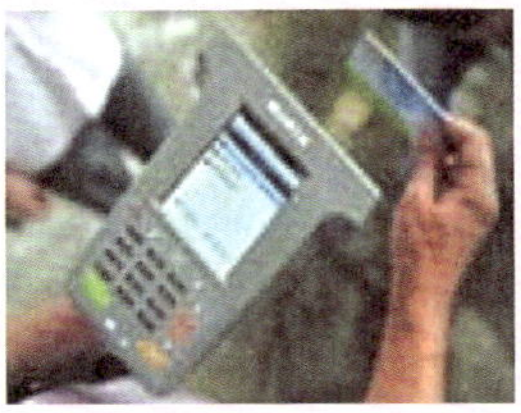

食品溯源系统

农业电子商务

（3）智慧农业经典案例　江宁区汤山翠谷现代农业科技园投资 2 000 多万元，建成智能温室 4 万米^2。引入“智慧农业”，将物联网技术运用到农业生产中，实现对温室内的温度、湿度、光照，以及降雨、风速、风向等外部环境的监控，同时可利用电脑、手机等终端实现对温室内温度、湿度、光照等的远程控制，降低工作强度以及手动控制滞后对植物生长的影响，实现精确化、数字化、智能化的智慧农业生产。

据介绍，该智能温室主要用于高档花卉（大花蕙兰、蝴蝶兰等）、珍稀中草药（铁皮石斛、金线兰等）等的育苗生产，每亩产值达到25万元以上，经济效益显著。

5. 农业物联网

农业物联网就是借助传感器、云通信、云计算等手段，实现对农产品的生长环境及生产、加工、流通、销售等过程的精准化、智能化管理。

物联网本身是针对特定管理对象的“有限网络”，是以实现控制和管理为目的，通过传感、识别器和网络将管理对象连接起来，实现信息感知、识别、情报处理、态势判断和决策执行等智能化的管理和控制。

2012 年，中国在 13 个省建设了农业信息化的实验基地，先后探索了大田种植、设施园艺、养殖业的物联网应用。设施农业和规模化养殖业是农业物联网建设的重要应用领域。

中国工程院院士汪懋华表示，要从三方面推进物联网在农业领域的应用：一是发展以应用驱动和问题为导向的自主创新；二是从集成已有共性关键技术产品和多年来积累的无线传感器网络技术研究成果着手；三是开展面向农业产业应用的示范试验研究，构建产业化推广应用模式。

农业物联网的应用领域

- 农业资源管理：农用土地资源、水资源等。
- 农业生态环境管理：土壤、大气、水质、气象、灾害。
- 生产过程管理：农田精耕细作、设施农业、健康养殖。
- 农产品与食品安全：产地环境，产后、贮藏加工、物流运输、供应链可追溯系统。
- 农业装备与设施：工况监测、远程诊断、服务调度。

例如，农业物联网在农产品质量安全体系中的应用。

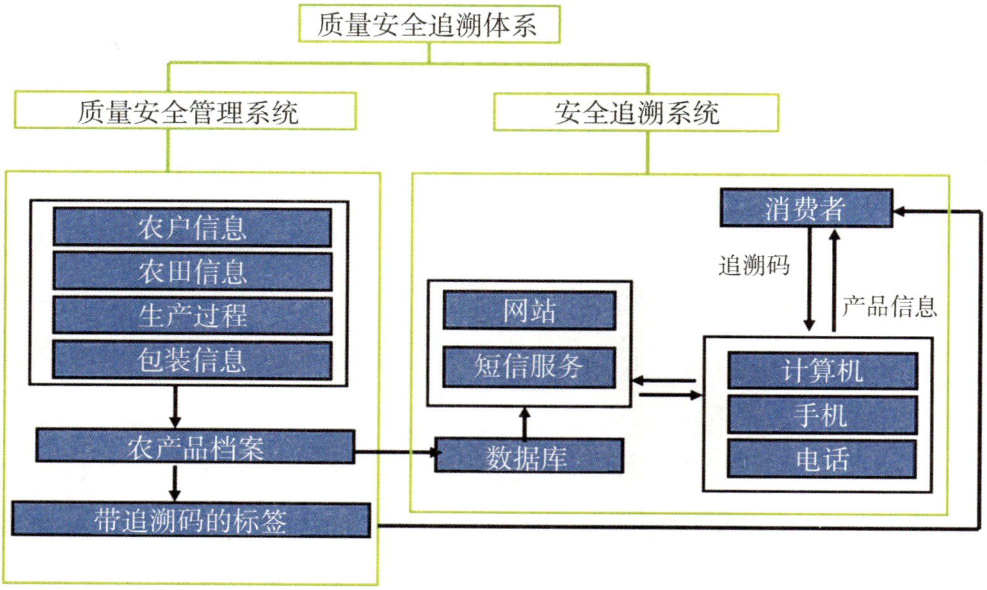

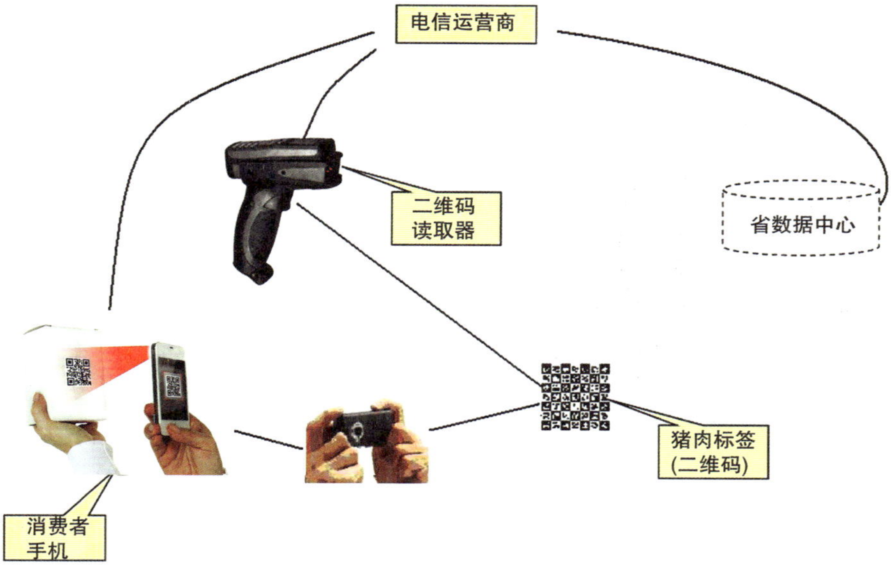

以上两幅图表预示着不久的将来，消费者可以随时通过手机找到他所购买的农产品是哪一个家庭农场生产的。

延伸阅读 手机扫一扫，掌控农产品的前世今生

用手机扫描二维码，可以实现农产品安全溯源。它通过为农产品附加 RFID 电子标签，并在种植生产、运输储存和销售等环节不断添加信息，最后集成为农产品包装面上的二维码标签。购买者扫描二维码就可以查到农产品的产地、生产者、质量承诺等所有信息。

不同农作物在不同的生长周期对周边环境温度、湿度、光照和二氧化碳等因素的要求也不同，在传统农业中，生产者只能依靠经验和感觉对何时浇水、施肥等操作进行模糊管理，往往需要付出大量的精力，却收获不到较好成效。农业物联网直接通过信息化智能监控，对田间农作物的生长情况进行精确把关，种植户在任何时间、任何地点，都能够通过手机、电脑等网络平台，实现对农产品田

间管理的精确监控和远程管理，掌握病虫害、田间水位等信息，甚至可以设定界限数值，在田间数据超过警戒范围时向种植户发出警报，确保应对措施及时准确。

农场主还可以通过发布远程指令对农业大棚进行操控，减少人力劳动成本，变相增加农作物的产出效益。例如葡萄在被雨淋过后就会发生病害，每次突降大雨时，必须要有人到场进行关棚避雨的操作。应用智慧大棚系统以后，这些烦琐的工作，只需要点点手机上的客户端，就可以远程自动实现开棚透气、关棚避雨、浇水施肥，减少了种植过程中的人力投入，经济效益大大增加。

6. 室内农业

五个理由表明未来农业将是室内农业。

农场可以建在任何地方

用水量只是传统种植的10% ~15%

美国近一半地区为干旱环境，中国旱地更多。

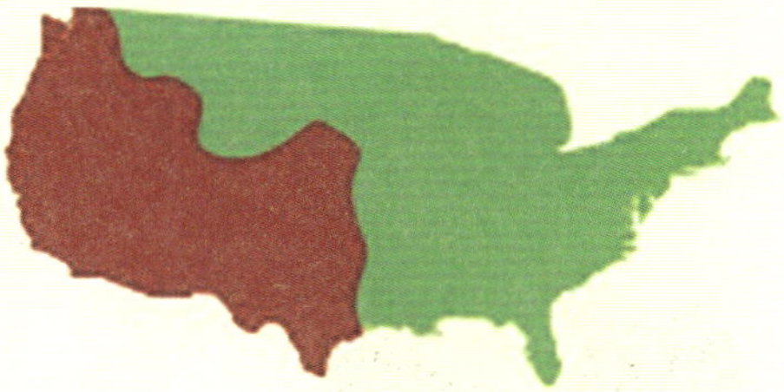

70%以上的淡水用于农业生产。

无土栽培科技可以大大节约水资源。

室内种植更营养更环保

室内农场不受露天土壤环境影响，因此，较少使用杀虫剂、除草剂等，有利环保。

2013年，荷兰大学研究发现通过LED植物灯的照射，番茄中维生素C含量比传统种植的番茄高出50%。

每天可以吃到新鲜蔬菜

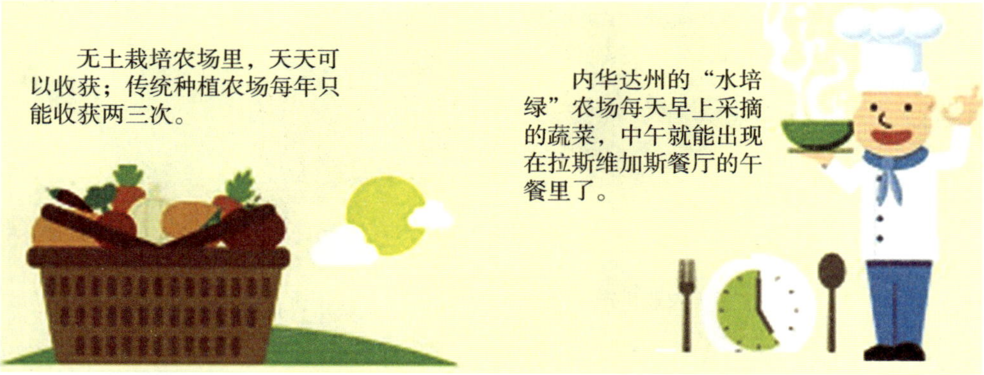

室内农场的建设成本不断降低

三、农业可以预见的商业模式

1．抢占资源型

俗话说“一方水土养一方人”。地方特产尤其是地理标志性产品是一种不可复制的稀缺资源，如河南省温县产的铁棍山药，黑龙江省五常市产的五常大米、河北省泊镇产的天津鸭梨、新疆维吾尔自治区产的哈密瓜、河南省滑县产的道口烧鸡等本身就是金字招牌。谁拥有地方特产资源，谁就拥有了金矿。但地方特产资源一般属于公共资源，按商标法的规定，没有说哪一家企业可以独享。也就是说，市场上出售的铁棍山药未必就产自温县，山东生产的山药也可以叫铁棍山药，这让许多想做铁棍山药品牌的温县农业企业或农场束手无策。不过，农产品产地追溯可以解决这个问题。

稀缺特产资源可以提高产品形象，拉升品牌价值。大湖股份通过收购新疆第二大渔业基地——乌伦古湖，以附加值较高的冷水性鱼类和亚冷水性鱼类占领高端市场，使自己在同质化严重的温水性鱼类市场的形象和价格也有了提升。

对于特产资源，就是一个字——抢！抢品牌，抢消费者心智，让品牌成为特产中的特产，尽可能形成独占的局面。否则，众多跟进者将很快稀释公共资源，将行业拖入价格竞争的泥潭。

抢资源的方法一

用品牌抢占资源。要出自地域又要高于地域，占据品类，打自己的品牌，让品牌代表品类中的正宗。资源可以共享，品牌却是夺不走的。与龙大食品集团独有的品牌市场相比，山东德州扒鸡集团只能和其他上百家德州扒鸡小作坊共享资源，混战在一起。

抢资源的方法二

以老大的姿态抢先发声。抢占地理标志性资源一定要善于传播，不传播等于没有占位！是老大就要说出来！“龙口粉丝龙大造”就是龙大食品集团成功的关键。

抢资源的方法三	抢资源的方法四
重新塑造品类标准和标志。要在产品上推陈出新，就要重新塑造品类标准和标志，以换代产品甩开对手，防止老大地位再被别人抢走。天津老字号桂发祥推出换代产品——小麻花，把全裸的大麻花封进了袋里装进了盒里。产品小了，腿却长了，形象也得到了极大提升，全国许多城市都能买到正宗的桂发祥麻花。	用法律手段实现品牌独家使用权。四川省峨眉山竹叶青茶业有限公司用法律武器，辅以经济手段，收回其他厂商使用的竹叶青商标，成为独家拥有竹叶青商标使用权的唯一企业，从根本上解决了竞争问题。

家庭农场也可以在自己的区域内打造品牌，因势单力薄，做不到全国，但起码可以做到全县或全乡镇。

2. 创新产品型

农产品难卖主要存在两个问题：一是很多农产品还处于原生态、粗加工阶段，产品在食用、携带、存储等方面存在很多问题，很难打开销路。同时，农产品严重同质化，造成市场竞争加剧，不断将企业拖向价格战的无奈境地。二是附加值相对较低，难以给企业带来较大利润空间。所以，农场主应突破思维局限，深挖产品优势，甚至创新品类。不仅要把大枣装进盒子里当礼品卖，还要想办法联合加工企业，推出枣片、蜜枣等新品类。

▶ 好想你集团发挥原有产品优势，推出了一系列枣产品，从而成为枣业市场的领头羊。

▶ 国联水产推出的龙霸香辣虾，“五分钟香辣一下”抓住了消费者既要美食又要方便的诉求，使得国联迅速占据了对虾的消费终端。

一个创新的好产品甚至可以成为企业转型升级的契机。华龙集团凭空开辟的“弹面”市场，完全表达了“劲道”的消费理念，以年销售 60 亿包的战绩一举实现了从农村到城市的品牌升级和战略转型。

农场主只要用心琢磨市场，边角料也能变废为宝。东方海洋利用加工鱼片后的边角料，提炼出易吸收的水溶性胶原蛋白，研制出美容保健产品“陆海一号”，毛利率高达 70% ~80%。新郑奥星用枣核熬煮而成的红枣露，2008 年就贡献了 3 亿元销售额，利润达到 3 700 多万元。

3. 创新渠道型

渠道，是营销的四大手段之一，是农产品从田间到餐桌的通路。不少农场和农业产业化企业只会埋头生产，没有渠道，以为产品好就能卖得好，这样的企业腿儿短，走不远。

创新渠道要两手抓，一手抓传统渠道的创新开拓，一手抓新渠道建设。以创新思维，突破渠道界限，出奇制胜。新旧渠道互相呼应，使产品越走越广，越走越远。

知识链接

渠道创新

大连獐子岛渔业在渠道创新上很下功夫。在宏观上，獐子岛建立了区域办事处的广泛分销模式，并随着企业业务的发展，实施了“大双赢”鲜活扇贝销售代理，成立“獐子岛渔业虾夷扇贝大连双赢组合”，建立金贝广场等渠道创新，成为业务发展的有力推手。在微观上，獐子岛设置了专卖、餐饮、终端、定制、休闲、冻鲜六大渠道模式，抢占市场制高点，打通中高端市场渠道，树立品牌形象，与主要分销方式形成良好的促进和互补。

竹叶青的销售渠道为直销、专卖店以及机场、星级酒店等特殊渠道，以低调的传播尽显奢华，以特殊渠道制胜高端市场。

4. 资本开路型

农业是高投入行业。大资本可以快速跑马圈地，有融资能力的企业可以快速扩张，完成产业布局，实现跨越式发展。

农场主除非自己很有钱，否则要紧紧盯住政府补贴和政策支持，政府正在利用金融手段加大对农业的支持力度。2014年，农业部下发了《关于推动金融支持和服务现代农业发展的通知》，这是农业部印发的首个金融支农的指导性文件。农场主要结合自身的产业优势，积极寻求政府补贴和政策支持。

大资本已经嗅到了农业的巨大投资潜力，顺丰快递投巨资建设冷链配送，亚马逊2 000万美元入股上海生鲜电商“美味七七”……

三个年轻人创立的“青年菜君”，通过O2O模式销售新鲜、方便的半成品蔬菜，上班族前一天晚上在网上订的菜，第二天下班出了地铁后就能把菜拿回家。这一创新模式让“青年菜君”只用了近半年时间，就获得千万元的投资基金。

家庭农场要吸引资金，不能从经销商下手，要靠品牌招徕金凤凰，通常大资金总是偏爱有实力的农场。另外，借力电子商务，抓住新兴消费需求点，才能吸引更多的投资者关注。

恒大集团宣称斥资千亿投身农业，粮油、乳业和畜牧业齐头并进。恒大粮油在广州恒大足球队的球服上一出现便一炮走红。恒大集团不指望在农业投资领域短期内盈利，但跟着政府的指挥棒不会错，战略投资比什么都有意义。

5. 全产业链贯通型

全产业链布局是产品质量的可靠保障。谁能真正解决农产品全程监控问题，谁就能得到市场认可。

全产业链布局是降低行业风险的有效手段。2014年初，生猪价格大跌，畜牧业普遍亏损，但双汇同期却盈利22亿元，双汇的胜出主要得益于全产业链布局，从饲料、养殖到冷鲜肉、肉制品全部贯通，并为了应对生猪价格周期，实施囤肉政策，有效降低了行业周期性波动带来的经营风险。雏鹰农牧推出的高端冷鲜肉“雏牧香”，让雏鹰农牧从单纯的养殖走向消费终端，有效回避了单一产业的周期性影响。

小农场和家庭农场虽然无法与资本大鳄抗衡，但市场从来不是封闭的城堡，学习人家的战略思维，借鉴人家的管理经营，先做好自己的小市场，终有一天，你会是下一个农业大鳄。

四、不可忽视的食品安全

民以食为天，食以安为先。食品安全一直是中国消费者的普遍痛处。

农场主不能一味追求经济效益，为了保产量，拼命打农药、上化肥、施激素、喷除草剂……农场主还要担负起农产品质量安全的社会责任。

2014年8月1日，《食品中农药最大残留限量》标准正式实施，标志着食品安全的监管有法可依了。

1. 影响农产品质量安全的主要原因

（1）产地环境污染　指农产品产地环境中的污染物对农产品质量安全生产的危害。工业“三废”和城市生活垃圾不合理地排入江、河、湖、海，污染了农田、水源和大气。由于农产品产地环境污染没有得到有效的控制，致使农业生态环境恶化，重金属及有害物质在水、土、气中超标，进而在食物中残留、聚积，影响农产品质量，最终影响人体健康。

（2）物理性污染　指由物理性因素对农产品质量安全产生的危害。形成的主要原因是在农产品收获或加工过程中操作不规范，不慎在农产品中混入有害物质，导致农产品受到污染。

（3）生物性污染　指自然界中各类生物因子对农产品质量安全产生的危害。如致病性细菌、病毒、毒素污染以及收获、屠宰、捕捞后的加工、贮藏、销售过程中的病原生物污染。

（4）化学性污染　指生产、加工过程中农业投入品使用不合理，对农产品质量安全产生的危害。食品加工中滥加化学添加剂，为了争取瓜果、蔬菜早上市，不恰当地使用激素，滥施化学药剂，不但造成农产品口感不好，还可能夹杂有毒有害成分。

（5）农产品质量安全体系不完善　与发达国家相比，我国在环境保护法规、技术标准、质量认证以及对绿色包装、标志、标签使用和管理方面还存在一定差距，生产者缺乏标准意识。“无标准生产”“无标准上市”现象普遍，农产品质量安全检验检测体系不适应“从土地到餐桌”全程质量控制的要求。

2.《中华人民共和国农产品质量安全法》规定禁止销售的农产品

（1）含有国家禁止使用的农药、兽药或者其他化学物质的。

（2）农药、兽药等化学物质残留或者含有的重金属等有毒有害物质不符合农产品质量安全标准的。

（3）含有的致病性寄生虫、微生物或者生物毒素不符合农产品质量安全标准的。

（4）使用的保鲜剂、防腐剂、添加剂等材料不符合农产品质量标准的。

（5）其他不符合农产品质量安全标准的。

第三单元
农场主成功的诀窍

单元提示

1. 农场主的思想观念及成事指南。
2. 盯住政策、争取扶持。
3. 熟悉行业、懂点技术。
4. 善于经营、勤于管理。
5. 猎于市场、守住渠道。

一、农场主的思想观念

1. 农场主应该树立的观念

如果你是农场主，请记住，一家人要靠你生存和发达。

你的任何一个想法和做法，对你的农场和家庭都会产生影响。

人们常说，观念决定命运。

那么，思想观念是如何决定命运的？

假如，你下决心要在自己的农场好好种麦子，过一把“麦王”瘾。这个想法从产生那一刻起，就开始激励你快快行动起来，赶快去整地、买种子、备农具、买化肥……这一连串的行动天天发生，自然而然会让你养成一种为了当“麦王”而不停劳作的习惯，促使你每天不在农场干点什么，就会觉得不舒服。长期为梦想劳作的习惯，会直接或间接影响着你的愿望和性格，一定要夺取丰收，不能听天由命，我是家里的掌舵人，我必须当好十里八乡的“麦王”。正是这种愿望和性格，让你的农场从小到大，让你的家庭从贫穷到富有，让你从普普通通的劳动者变成受人尊敬的农场主。

原来，观念决定行动，行动决定习惯，习惯决定性格，性格决定命运，因此观念最终决定着命运。

观念→行动→习惯→性格→命运

农场主是农场的老板，当老板的人在社会生活中算是一个人物，了不起啊！社会上可以做事的人有四种：

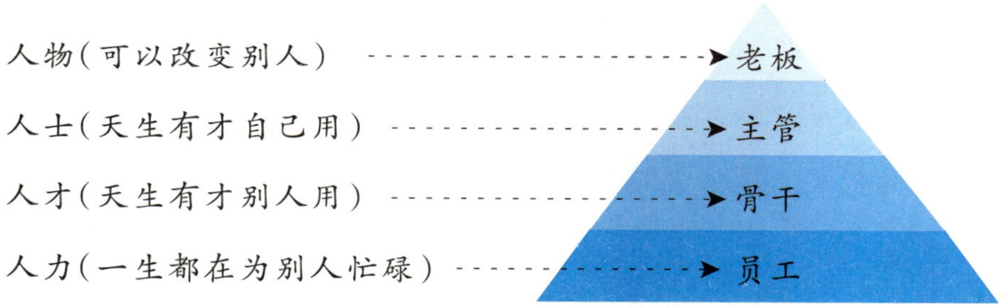

显然，农场主是这四种人中的顶层人物，是领袖，别小看自己。

当好农场主并不容易，唯一的法宝就是树立农场主应有的观念，那么农场主应该有哪些观念呢？

（1）有梦想的观念　有梦想才会有欲望，欲望中想要实现的、想要得到的，经过努力才可能圆梦。

没有梦想注定会贫穷，不敢有梦想注定会一事无成。

（2）有思变的观念　穷则思变，不想改变命运的人只会在原地踏步。一亩三分地种了一年又一年，不想扩张，不想种出点明堂，你就当不了农场主。

要改变自己，先从改变习惯做起，从改变观念中找动力。

（3）有选择的观念　男怕入错行，女怕嫁错郎。意思是选择不对，努力白费。你想去北京，却选择了向南方走，什么时候才能到北京呢？

你的农场在山区，就选择养殖项目、种药材项目、种果树项目、发展食用菌项目，当然不能选择种麦子了，所以选择适合自己农场发展的项目必须先想好。

正确的选择比努力更重要　经典案例

一念之差，穷富有别。说的是，1988年两个畜牧专科学校毕业的学生，同时被分配到一个县的畜牧局工作，在局机关从事一段行政管理工作后，其中一个不甘清闲的人决定下海去办养殖场，另一个想当官的人决定在局里继续奋斗。两个人都想说服对方跟自己一起奋斗，但两人志向不同，观念不同，谁也说服不了谁。20年后，在局机关谋求发展的那位成了局长，下海办养殖场的那位成了场长；25年后，为了发财，当局长的那位被调查了，下海办养殖场的那位成了拥有上亿资产的农场主。

（4）有当老板的观念　家庭农场不是小农户经营，而是企业性质的经营，是产业化的规模农业。农场主是老板，老板要管人管财管物，还要摸清市场动向，要会经营，要关心家事、国事、天下事。

笨人自己干，能人找人干，老板组织人干。

（5）有善学的观念　古人说，活到老，学到老。农场主要学的东西很多，要了解国家政策、法规，要了解市场准入与食品安全，要懂得经营和管理，要知道用人借力的方法……

学习是投资，参与培训是学习的好途径。另外，上网、看电视、听广播、看书、请能人指点等，都是学习的途径。

（6）有舍得的观念　舍得有两层意思：

一是要懂得付出，天上不会掉馅饼，只有付出时间、精力、资金、脸面，才能换来农场的兴旺，换来尊严和财富。

二是舍得投资，花钱买靠谱的原种和生产资料，花钱买人脉和信息，花钱雇能人干活，投资建立一个勤劳的团队和产业链，该花的钱，千万不可吝惜。

农场主如何树立积极向上的新观念呢？

人们常说，近朱者赤，近墨者黑。环境造就人，跟啥人学啥人。

经常和吃喝玩乐的人在一起，就会养成玩世不恭的习惯，形成懒惰的观念。

经常和无所谓的人在一起，就会养成安于现状的习惯，形成不思进取的观念。

经常和创业致富的人在一起，就会养成勤奋上进的习惯，形成永无止境奋斗的观念。

2. 农场主的创新意识

没有创新意识，就当不好农场主。

创新意识最直观的体现就是创造。

创新就是敢于大胆地试、大胆去闯、标新立异、别出心裁，试想，哪一个农场主不是“豁出去”搏一把的汉子！

“豁出去”当上了农场主，并不意味着万事大吉，项目找谁来做，怎么经营管理，出现问题怎么解决……一个个难题，不仅需要农场主的勇气，还需要农场主的智慧。智慧从哪里来？从源源不断的创新意识中来。

（1）创新意识需要在学习中与时俱进　创新不是轻而易举的事，创新是主观和客观条件巧妙结合的产物，是多种因素的结晶，而知识和经验的积累则是实现创新的基础。

知识是对已知世界的了解，创新是对未知领域的探索。

一个人掌握知识的多少，往往意味着这个人水平的高低、能力的大小。没有一定的专业知识做基础去创新，就好比在空中建楼阁一样虚幻缥缈。

现代科技进步日新月异、知识更新不断加快、国际局势不断变化、国内改革不断升级，农业新情况、新问题层出不穷……农场主不学习，怎么了解政策法规，怎么争取惠农补贴，怎么应用科学技术，怎么获得市场信息，怎么核算经营成本，怎么预测未来？

一个农场，农场主必须会经营管理，骨干成员必须会解决生产难题，其他成员必须会干活。因为农业领域不断有新问题出现，所以每个人都要不断学习新知识、新技术、新方法。

农场主学习意识强，农场经营就能与时俱进。

比如，现代农业模式很多，休闲农业、观光农业、智慧农业、信息化农业、机械化农业、集约化农场、产业化农场等，你的农场选择哪种模式好？当然你要弄清楚哪种模式适合你做，你的优势怎么才能发挥。你的农场处在山清水秀的地方，即使离城市远，也能搞观光农业项目；你的农场处于一马平川的旱地，即使在城市附近，也不能搞观光农业。

东天农牧 经典案例

我认识一位家庭农场主，他的农场在黄河滩区，他从报纸上看到办家庭农场和开发滩地的优惠政策后，就承包了50亩荒滩。他和妻子及大舅哥联手开办了家庭农场。有了土地和农场干什么呢？他通过上网，了解到在沙土地上能种葡萄。于是，他就找到县扶贫办，通过扶贫办联系到葡萄专家，虚心求教。在掌握了一些葡萄种植技术和葡萄园管理知识后，他决定投资购买葡萄苗，开办一个30亩地的葡萄园。

他的农场附近有一处槐树林，春夏之交，槐花盛开，景色十分迷人，来看槐花的城市人很多，他利用这个机会，向游客宣传葡萄农场。

为了让农场有亮点，他打出了一张有机农业牌——“放心葡萄园”。他在葡萄园里装了很多灭虫灯，动员工人及时摘除病叶深埋，使用生物农药等措施解决病虫害问题；他用10亩地办了一个羊场，放养了一批鸡，羊粪、鸡粪发酵后做有机肥，滋养葡萄园。他用10亩地办了一个农家乐，让采摘葡萄的游客在农庄里休闲娱乐。

2014年，他的葡萄园到了盛果期，每逢周末，200人左右的采摘团自发来到他的农场，放心葡萄、散养鸡、生态羊、农家饭、挖野菜……给他带来了令人惊喜的财富。

种放心葡萄、养生态畜禽、办农家乐，一个个富有创意的经营项目，是一个年轻人勤学的结果、敢闯敢干的结果、善于思变的结果。

这个农场的名字——东天农牧，主人詹东天。

2014年，詹东天尝到了办农场的甜头，一个更大的设想在他心中油然而生。他把计划做成了PPT，在此分享给大家。

1. 东天农牧——扬帆起航2013～2014

东天农牧基地最大的特色，北靠万亩槐林，南临母亲黄河！本身占具独特的自然资源，具备原生态农副产品生态园的基本特征！

农牧场目标市场人群：郑州市及周边城市的中、高收入且向往享受高品质生活的人群。

2. 东天农牧——扬帆远航 2015～2017

农牧场定位

- 以主题化农业旅游为吸引——葡萄种植
- 以生态化休闲农庄为方向——景观湖垂钓
- 以体验式农业项目为手段——采摘、自酿

东天农牧基地旨在打造以葡萄种植、采摘、自酿、牧羊养殖、黄河鲤鱼垂钓、烧烤、葡萄长廊观光与企业员工拓展训练为一体的综合性农业生态旅游区。

服务宗旨：

- 现代“农味儿”十足
- 食在放心与健康
- 舒在旖旎槐林风光
- 乐在自食自摘
- 农耕野趣，融入自然
- 获得一种返璞归真的健康生活方式

项目规划

景区大门——葡萄景观长廊——生态停车场——景观湖垂钓——木屋烧烤——开心农场（菜地）——拓展训练基地——地下酒窖——综合服务区（乐田餐厅、农副产品展示区）

部分规划说明

景观长廊：

1. 大门入口主干道采用景观廊棚形式，种植四季常青的藤蔓植物（主要以葡萄树为主），构建一条绿色风景线，步行长廊遮阳避雨给人一种田园漫步之感。

2. 主干道宽10米，可作为电瓶车、脚踏车通道。

开心农场：以绿色果蔬种植为特色，以农耕体验为主，开辟实景QQ农场种植体验（菜地认养）项目。

葡萄酒酿造体验

自酿自存，每个桶上写上酿酒人的名字，销售、参观都有意义！

综合服务区：

1. 接待功能，集公务、商务、拓展训练接待为一体的综合服务中心。

2. 具体分区有乐田接待中心、乐田餐厅、乐田产品展示（采用半露天形式）。

（2）创新意识需要在实践中解放思想　解放思想的实质就是研究新情况，解决新问题。

解放思想就是要有“杀开一条血路”的气魄，农场主如果思想保守，就不会有闯劲，就不会有誓不罢休的干劲。农场死气沉沉的，没有规避风险的准备，没有降低成本的措施，没有提升经营能力的思路，何谈发展。

当然，解放思想要实事求是，要科学发展，不是盲目瞎干。

解放思想　经典案例

贵州省湄潭县西河乡下坝村支部书记陈守庆，根据当地生产实际，带领全村种植何首乌 2 000 余亩，带来经济效益 5 000 余万元。按理说老陈该满足了，但他为了让更多的老乡留下来发展经济，先给自己来了一次思想大解放，带头在村里发展起了特色养殖——“首乌鸡”。他用种植的何首乌叶加工成鸡饲料，饲养了 4 500 余只“首乌鸡”，价格是普通鸡市场价的3倍，仅此一项就带来了几十万的经济效益。他说，一人富了不算富，全村全乡群众富了才算富。他很快把自己摸索的路子传给乡里乡亲。从种植何首乌到养殖首乌鸡，思想僵化是干不出这种事的。

（3）创新意识需要在探索中敢为人先　创新的实质就是打破旧模式、老传统、老办法。

只有敢想才能敢干，只有敢干才能突破，才能创造性地开展工作，才能实现跨越式发展。

正常规则下百米赛跑是这样的：参赛队员一字排开，裁判大喊：“各就各位—预备—跑”，随着发令枪一响，大家箭一般地冲出起跑线……但是现实生活中的竞赛远非如此，没有发令员，众人都在“各就各位”时，那些胆大的人就已经冲向终点了。说他们“犯规”“要赖皮”，有什么意义呢？胆大的人已经拥有了无名“光环”。历史无数次证明，机遇往往青睐抢跑者。因为这些抢跑者懂得人生没有发令员，只要自己能跑，比赛随时都可以开始。

敢为人先　经典案例

祖祖辈辈生活在太行山里的农民说：“有雨遍地流，无雨渴死牛。”望天收成为山民们的无奈。

为了让山民们过上好日子。30年前，河北农业大学老师李保国走出校门，一头扎进了大山深处，从此把毕生的精力放在了山区林业技术开发研究与技术推广上，立志要让乡亲们脱贫致富。

30多年来，李保国每年200多天奔走在太行山区。为获得第一手数据资料，他孤身一人深入荒山野岭，风餐露宿，详细记录了每一道沟谷的坡度、土质特征、地貌类型和植被情况；他白天钻果园查看情况，夜晚上山用黑光灯测报虫情，还自掏腰包为大家买农资；他举家搬进了山沟沟，跟着他一起“游历”山川的儿子被老乡们昵称为“小流域”……

李保国的板栗集约栽培技术、优质无公害苹果栽培技术、绿色核桃配套栽培技术等，像蒲公英的种子一样，在太行山区落地生长。

内丘县岗底村，曾经是个草都长不好的乱石岗，现在出产的优质富岗苹果一个卖到100多元，其连锁基地发展至全省11个县（市）369个村，年产量超过1亿千克，7万多村民摘掉了穷帽子。

临城县凤凰岭，千克高品绿岭核桃卖到128元，荒岗建成全国最大的早实薄皮核桃示范基地，一个跨度为百里的百万亩薄皮核桃产业带已悄然崛起。

邢台县前南峪，变身太行山最绿的地方之一，林木覆盖率达90.7%，植被覆盖率达94.6%，并获得“全球生态环境建设五百佳”提名奖……

李保国被村民们亲切地称为“李老师”“李财神”。只要村里的大喇叭一喊“李老师来了”，村民们都赶来听培训。现在，河南、山西等地的老乡、干部也来找他取经，他都热情前往，倾囊相授。这位敢为人先的“太行赤子”在探索中完成了大地上的论文。

3. 农场主的自信心

自然界什么力量最强大？是种子。

商业界什么力量最强大？是梦想。

福特汽车老板在自传中有这样一段宣言：“我将为广大普通人生产汽车。任何一个有好工作的人都有可能买上一辆，并和他的家庭享受美好时光。”

沃尔玛超市创立之初，定下的企业发展理念是“为社会底层的人节约每一分钱”。

可口可乐公司的目标——做人们喝得起、买得到的美味饮料。

微软公司所做的是让每个人的桌上都可以摆上一台PC电脑。

当今这些世界巨头在他们都还是小公司的时候，他们的目标并不是要改变世界，也没想过要惊天动地，但他们的梦想是把每一件普普通通的、完全属于自己的事情做好。

梦想是关于方向、执着、兴趣、坚持和专长的一大命题。

创业不是一两天能完成的事情，小农场主往往更需要坚忍不拔的毅力。

对于小农场主而言，市场与产品就是生命线，把自己的产品做到最好，更加贴近市场，正是小公司与大公司竞争的法宝。

创业型小公司的创始人几乎全是“技术达人”，作为家庭农场主，你先得把自己修炼成自己农场经营项目的行家，才会成长得快。

中国新首富马云说：“任何团队的核心骨干，都必须学会在没有鼓励、没有认可、没有帮助、没有理解、没有宽容、没有退路、只有压力的情况下，一起和团队获得胜利。成功，只有一个定义，就是对结果负责。如果你靠别人的鼓励才能发光，你最多算个灯泡。我们每个人必须成为团队的发动机，去影响其他人发光，你自然就是核心。”

如果你的农场在创业初期，记住马云的话：

马云创业十一句箴言

①大家看不清的机会，才是真正的机会。②让员工笑着干活。③客户第一、员工第二、股东第三。④抢在变化之前先变。⑤忘掉钱，忘掉赚钱。⑥小聪明不如傻坚持。⑦心态决定姿态，姿态决定状态。⑧创业要找最合适的人，不一定要找最成功的人。⑨世界上最不可靠的东西就是关系。⑩免费是世界上最昂贵的东西。⑪今天很残酷，明天更残酷，后天很美好。

小企业一样能成长为大公司，马云的创业之路很值得农场主借鉴。

马云用十几年时间，把一个名不见经传的小电商打造成了全球知名的大公司。2014 年 9 月 9 日，阿里巴巴公司股票在纽约举行 IPO 上市路演，马云说："15 年前我来美国要融资 200 万美元，被 30 家风险投资公司拒绝了。我今天又来了，融资几百亿美元，排队的投资者拐了 18 个弯，电梯等了 40 分钟……"

神话往往从笑话开始，真应了那句话——昨天你对我爱理不理，今天我让你高攀不起。马云在纽约融资这件事说明一个问题：永远不要看轻自己，更不要看轻身边的人，相信身边的每个伙伴，一切皆有可能，一切从相信开始。

二、农场主成事指南

1. 农场主的九条戒律

（1）不要尝试去做所有的事　很多人都有一个坏习惯——这山望着那山高。

当农场主千万不可包揽所有的事，看见地里该浇水了，就去拉水管；看见红薯苗没有栽完，就捋袖子去栽……该谁干的让谁去干，你不可能做完所有的事情，人的精力是有限的，要把有限的精力投入到无限的小事中，其结果就如同把有限的饲料投入到无限的猪群中。你是老板，就不要揽员工干的活儿，农场的活儿不是所有人平均来干的。

农场主要清理掉那些不重要的事，把有限的精力投入到有意义的重大的事情上，把好钢用在刀刃上。

（2）不要费工夫回应所有的信息　一个成功的农场主可能每天都会收到各种各样的信息——邮件、短信、电话，要不要逐一都回应呢？你想想，你发出的每一封邮件或短信或电话都得到回应了吗？事实上，很多都没回应。所以，有选择性地回应信息，可以节约大量时间和精力。

（3）不要停下正在做的大事去做小事　农场主每天要处理的事可能很

多，最好每天计划一下，先干什么后干什么。正在干一件事，突然想起另一件事，于是放下手头的事去做突然想起来的事，往往两件事都做不好。所以，小事在一天结束之际再解决，工作才有效率。

（4）不要拖延重要的事　拖延是个精神杀手。办大事必须抓住时机，快刀斩乱麻。

办任何事，没有谁能从一再拖延中得到真正的快乐和幸福。

农活早一天晚一天似乎不是那么要紧，但农场主要做的事不是干农活那么简单，对农场极为重要的事必须马上行动。下雨了，打着伞也要去办。

农场主最大的遗憾——唉！当初要是早点开始就好了。

（5）不要试图追求做事完美　有些人做事前思后想，生怕疏漏，等他想好了，机会也丧失了。如果追求完美妨碍了你立即行动，请仔细想想，狮子猎杀羚羊时，会去想奔跑动作是否完美和在哪儿下嘴才好吗？不会，狮子从盯上羚羊开始，满脑子都是怎么快速抓住羚羊，至于奔跑是否变形，从哪儿下嘴，完全随机而定，吃掉羚羊才是硬道理。

（6）不要总在细节上纠结　当农场主，每天在农场里巡视一遍，问问每一个员工干得怎么样，问问还有哪些难题没解决，如果你有时间和精力，注重这些细节是好事。但是，不要在细枝末节上太纠结，宏观的视野对你更重要，你要办的大事多着呢！

（7）不要忘记既定的目标　在你开办农场之初，相信你已经定下了发展目标，短期要做什么，长期要实现什么。请定期回顾一下，短期目标还差多少，长远目标是否偏离了航线。

农场主经营要讲究战略战术，为了把果园经营好，建园、栽苗、修剪、施肥、浇水、疏果、套袋、采摘、贮存、销售……每一个环节都是一次小小的战役，用好骨干成员，打好每一仗，这叫战术。盯住产量和质量，精心管理，外圆内方，实现利益最大化，这叫战略。

（8）不要忘了珍惜身体　人不是机器人，农场的事再多，只能一件一件地干，决不能连轴转，忘了自己是肉体凡胎。长时间工作后，给自己一段时间来休息，哪怕 1 小时，闭目养神，深呼吸，之后你会发现，你的注意力、工作效率会明显提高。

（9）不要指望讨好每一个人　有一句名言——试着讨好每一个人只能说明你是个平庸之才。

你永远不能控制别人的想法，所以不要浪费那么多时间让每个人给你好感。即使你拿出很多钱去帮助很多人，你也不可能让每个得到帮助的人都感激你，何况那些没有得到你帮助的人，心里还不知道有多恨你。

政府有很多部门会监管农场，是不是都要登门去讨好呢？

你是农场主，你开办一个农场，兴起一项产业，带动一方经济，富裕一个家庭，你是功臣，你没有必要主动送上门去挨宰，除非你有求于人。

2. 农场主用人之道

（1）用人之长　家庭农场在农忙季节免不了雇用外援。雇人干活很有学问，并不是你出钱，别人就能把活给你干好。人是有情感的，干活的人也需要得到尊重和理解，记住，钱买不来人心。更何况农场留不住人才是个不争的事实。

有的农场需要长期聘用技术人员，那么，如何识别人才、使用人才、留住人才呢？这是摆在每一个农场主面前的棘手难题。

识别人才的标准——看重你的农场，有工作热情，有责任心，有工作能力。

细品一下唐僧、宋江、刘备、刘邦的用人之道，唐僧手无缚鸡之力，却能用孙悟空；宋江武功平平，却能成梁山之首；刘备智勇不全，却能得诸葛亮和五虎上将；刘邦计不如张良，文不如萧何，武不如韩信，却能坐拥三人……归结为一句话——君有德，臣与共。

（2）讲信誉　把合适的人才放在合适的位置，是高明的办法。

如何经营人心？商界的观点是：天时不如地利，地利不如人和。得道者多助，失道者寡助。这两句名言的核心是得人心者得天下，因此管理之道在于经营人心。人心要害在于“前途、钱途和情义”，弄清楚其中的奥秘，适度满足雇工的追求，对管好农场用好人很有帮助。

农场主一定要讲信誉，说话算话，跟着你干的人才会有盼头。

尊重给你干活的人，关心给你贡献才智的人，拉拢人心，这个你懂吧？

使用人才的办法——荣辱与共，知人善任，用人不疑，疑人不用。

农场是你的，才智是人家的，把你的事业和人家的需求结合起来，双赢才是真赢。干农活的人如果气儿不顺，马虎一点，不是减产，就是品质下降，尤其骨干成员，要让他与农场荣辱与共，除了吸纳他为“农场成员”，分享红利，还要拜为“兄弟”，统战人心。

（3）马云的用人智慧

最遗憾的错误

2001 年，我犯了一个错误，我告诉我的 18 位共同创业同仁，他们只能做小组经理，而所有的副总裁都得从外面聘请。

现在十年过去了，我从外面聘请的人才都走了，而我之前曾怀疑过其能力的人都成了副总裁或董事。

我相信两个信条：态度比能力重要，选择同样也比能力重要！

用目标统一人

千万不要相信你能统一人的思想，那是不可能的。

30% 的人永远不可能相信你，不要让你的同事为你干活，而让他们为我们的共同目标干活。

团结在一个共同的目标下，要比团结在一个人周围容易得多。

细节与格局

①有人觉得我牛，6 分钟说服了孙正义，其实是他说服了我。见孙正义之前，我在硅谷至少被拒绝了 40 次。②做企业赢在细节，输在格局。③格局，“格”是人格，“局”是胸怀，细节好的人格局一般都差，格局好的人从来不重细节，两个都干好，那叫太有才！

领导比员工多什么？

领导永远不要跟下属比技能，下属肯定比你强；如果不比你强，说明你请错人了。

①要比眼光：比他看得远；②要比胸怀：领导的胸怀是委屈撑大的，要

能容人所不容；③要比实力：抗失败的能力比他强；一个优秀的领导人的素质就是眼光、胸怀和实力。

年轻人必须思考的问题

①什么是失败？放弃就是最大的失败。②什么叫坚强？经历许多磨难、委屈、不爽，你才知道什么叫坚强。③你的职责是什么？比别人多勤奋一点、多努力一点、多一点理想，这就是你的职责。④傻瓜用嘴讲话，聪明人用脑袋讲话，智者用心讲话。

做人与做事

我跟自己讲我们到这个世界上不是来工作的，我们是来享受人生的，我们是来做人不是做事。

如果一辈子都做事的话，忘了做人，将来一定会后悔。

不管事业多成功、多伟大、多了不起，记住我们到这个世界就是享受经历这个人生的体验。

知识链接

什么样的雇员才是人才？

有一天，她冒着被解聘的危险找到老板论理。"老板，我有过迟到、早退或乱章违纪的现象吗？"

老板干脆地回答："没有。"

"您对我有偏见吗？"老板先是一怔，继而说"当然没有。"

"为什么比我资历浅的人都可以得到重用，而我却一直在微不足道的岗位上？"

老板一时语塞，然后笑笑说："你的事咱们等会儿再说，我手头上有个急事，要不你先帮我处理一下？"

"一个客户准备到公司来考察产品状况，你联系一下他们，问问何时过来。"老板说。

“这真是个重要的任务。”临出门前，她还不忘调侃一句。

一刻钟后，她回到老板办公室。

“联系到了吗?”老板问。

“联系到了，他们说可能下周过来。”

“具体是下周几?”老板问。

“这个我没细问。”

“他们一行多少人。”

“啊!您没让我问这个啊!”

“那他们是坐火车还是飞机?”

“这个您也没叫我问呀!”

老板不再说什么了，他打电话叫张怡过来。张怡比她晚到公司一年，现在已是一个部门的负责人了，张怡接到了与她刚才相同的任务。一会儿工夫，张怡回来了。

“哦，是这样的……”张怡答道：“他们是乘下周五下午3点的飞机，大约晚上6点钟到。他们一行5人，由采购部王经理带队。我跟他们说了，我们公司会派人到机场迎接。”

“另外，他们计划考察两天时间，具体行程到了以后双方再商榷。为了方便工作，我建议把他们安置在附近的国际酒店，如果您同意，房间我明天就提前预订。”

“还有，下周天气预报有雨，我会随时和他们保持联系，一旦情况有变，我将随时向您汇报。”

张怡出去后，老板拍了她一下说：“现在我们来谈谈你提的问题。”

“不用了，我已经知道原因了，打搅您了。”

她突然间明白，没有谁生来就能担当大任，都是从简单、平凡的小事做起，今天你为自己贴上什么样的标签，或许就决定了明天你是否会被委以重任。

操心的程度直接影响到办事的效率，任何一个公司都迫切需要那些工作积极、主动负责的员工。

优秀的员工往往不是被动地等待别人安排工作，而是主动去了解自己应该做什么，然后全力以赴地去完成。

3. 农场主该做的事

（1）人从哪里来　当今农村社会，农业兼业化、农村空心化、农民老龄化趋势明显。新生代农民普遍缺乏从事农业生产的意愿与技能，都想尽各种办法鱼跃“农”门，远离农村，远离农业。农村留不住人才，那么农场主需要农工从哪里来？毫无疑问是新型职业农民。

职业农民是那些真正愿意扎根在农村的，专业从事农业生产和经营的，具有丰富农业技能和务农经验的，以市场运作实现利润最大化为目标的，以农业为稳定职业的，有经营头脑的新型农民。

但是，职业农民还没有真正形成一个阶层，人力资源还没有那么多。尽管 2014 年政府提出了《中等职业学校新型职业农民培养方案》，但职业农民离家庭农场的人才需求还很远，这就需要农场主自己培养技术人才和业务骨干。

农业人才包括经营管理人才、科技服务人才、生产技能人才、农产品营销人才等。

农业经营管理涉及的人才有经济管理、金融、会计、财务管理、物流运输、经济贸易等专业人才。

科技服务涉及的人才有科技推广人员、学科专家等。

生产技能涉及的人才有种植技术员、养殖技术员、农产品加工技术员、储藏保鲜技术员、农机装备技术员等。

农产品营销人才涉及农产品原材料营销和农资营销等专业人才。

无论哪一类人才，都不可能像企业招聘员工一样，从社会上招聘；小型家庭农场也没必要养专业技术人员；家庭农场对受过中职以上学历教育的年轻人都没有吸引力，除非他是来学经验的。自己学习或培养自己的家庭成员是比较可靠的。

还有一个办法，就是临时聘请专家指导。聘请的渠道有大中专院校、科研单位、政府职能部门等。

（2）钱从哪儿来　家庭农场是需要花钱的创业项目，种植业农场相对投资少一些，养殖业农场投资加大，休闲农场投资更大。

开办家庭农场的钱从哪里来？农场主面临的第一个问题就是筹钱。

只要你有能力，自己没有钱，可以找钱；自己没有地，可以找地。

为了减少投资，农场可以从小型做起，逐步发展。

农场的融资渠道有向亲朋好友借钱、申请小额贷款、申请政府扶持资金、风险投资机构……

无论你给谁投资，给你钱的一方必然要考察你的能力、项目和环境条件，你的优势决定你融资的成败，向别人开口融资之前，一定要想好说服别人的理由。

家庭农场在运营中需要扩大规模或增加投资，还需要融资，因为有农场抵押，二次融资会容易很多。但在农场经营风险很大的情况下，融资时需要用市场前景说服出资人。

农场选择一个好项目是争取投资的基础。

知识链接

农场的活儿有哪些？

农场的活基本上是围绕春耕、夏种、秋收、冬藏展开的。农活不外乎以下几种：①种植业，包括耕地、翻地、储肥、除草、购种、育苗、移栽、间苗、施肥、松地、防病、浇水、灭虫、挖根茎类、收割小麦类、掰玉米类、运输、晾晒、挖窖或建谷仓、恒温、装袋、仓储、翻晒、小修小补等。②养殖业，包括购种禽畜、饲料购买或制作、喂养、收集成品（如蛋类）、配种、接生、孵化、防疫、出售。

三、盯住政策、争取扶持

（一）政府对家庭农场的扶持

农业部管理干部学院副院长朱守银认为，农业规模经营不仅是指土地规模，衡量土地规模水平不仅要看总面积，更要看土地连片程度；土地规模经营不是越大越好，必须合理适度，家庭农场规模过大不仅容易导致非粮化、非农化，还容易导致单产下降。

不是什么样的组织都可以注册家庭农场，都能得到政府项目资金支持，政府扶持家庭农场有门槛和标准。

1. 门槛和标准

农场必须以家庭经营方式为基础、家庭成员为主要劳力。

农场主必须是当地农业人口，专业经营自家的农场，农业是家庭收入的主渠道。

土地经营规模适度，转入土地期限至少五年，以种粮和重要农产品为主。

2. 扶持办法

政府可以通过土地整理与改良、建设农田水利设施、进行农场主经营管理培训、用地支持与资金补贴等措施扶持家庭农场的发展。

3. 管理办法

对农场主职业技能和管理水平进行考核，建立健全会计核算制度和家庭农场动态评价考核制度，要求农场每年填报生产经营统计表，以加强对政府扶持家庭农场的管理。

（二）了解政府惠农补贴政策

农业是政策性行业，每年国家都有惠农补贴政策，政策就是财富。

2014 年国家扶持农业发展的惠农补贴资金达 1.4 万亿元，主要用于专业合作社、家庭农场、种养大户等，你想拿到吗？

申请补贴资金须知

- 一是弄明白国家和地方政府都有哪些惠农补贴政策。
- 二是弄明白这些补贴什么时候申报，找哪些部门申报，申报的条件是什么。
- 三是弄明白申报流程和申报技巧。

知识链接　如何申请惠农补贴？

国家惠农补贴三大类型

国家惠农政策多杂，按照惠农政策的涵盖范围及其特点，农合论坛项目申报专家把这些政策分为三大类：优惠政策、补贴类政策、专项扶持。

1.优惠政策：涉农业或者合作社可以享有的税收减免、用水用电优惠等其他优惠政策。

2.补贴类政策：国家给予农业企业或合作社贷款补贴、购机补贴、种粮补贴及农资综合补贴等。

3.专项扶持：国家为扶持某些产业拿出专项资金，扶持资金力度大，覆盖范围相对较小，需要在项目通知后申报争取。

申请补贴政策的三大要点

要点 1

怎样组织项目申请材料？

对项目通知进行剖析，分析其特点和适用范围，根据项目特点合理制订申报排期，编制申报材料。

项目材料要突出：

1.辐射带动能力强，促进周边群众增收作用显著。

2.无污染，对生态环境无不良影响，甚至对环境有益。

3.项目的实施符合当地主导产业或者能够引导地方农业产业发展。

要点 2

怎么成功申请项目？

1.及时获取项目申报通知。多在九大部委及省、市、县相关网站上浏览，及时获取项目申报通知是项目申报成功的关键部分之一。

2.筛选适宜项目。项目很多也很好，但是不一定合适你，要筛选适宜的项目申报。

3.项目申请报告。编写项目申请报告要结合自己的情况，切实可行是项目申报成功的重中之重。

4.按时呈报相关部门。农业部门很多、项目部门也很多，要按照项目通知要求，准时呈报给对口的部门。

5.做好政府关系。现在项目资金都是待主管部门进行审核、验收并批准后，才能获得相应的扶持、奖励资金，及时沟通规范运作不可少。

要点 3

怎样通过最后的项目验收，拿到资金？

项目验收很关键，为防止项目资金投入到其他地方乱用，现在项目多为先建后补模式，因此项目验收直接关系到最终的扶持资金能够到账的问题。

1.规范运作，项目资金要用到项目上，资金不能乱用。

2.提前准备，项目答辩材料，现场建设、财务报表等要准备妥当。

3.勤沟通，多跑腿。多和地方沟通，多和专家沟通，让其帮助支招，把项目做好。

4.关注项目实施验收信息。项目实施标准及验收信息会在政府网站或者由省—市—县，下发到合作社，合作社要耳聪目明及时掌握验收考察信息，给自己争取准备时间。

申报农业补贴的三大绝招

1 查条文，筛信息

及时关注科技部、发改委、财政部、农业部、商务部、林业部、供销合作总社、水利部、工信部九大部委及其相关的省、市部门网站农业补贴类信息。通过关键技术、合作社自身建设、配套服务设施、人才培养等方面来了解政府的补贴。结合自身的实际情况，筛选出适合自身的补贴类信息，从而向对口部门申报相关的农业补贴。

2 申报材料结合当地，突出带动性

申请补贴需要提交申报材料，如果申报材料不规范，

不能体现自己的优势和特点，专家不能充分理解不能评判，造成申报失败。项目申报准备工作应该从人员安排、文件解读、规划计划、机构对接甚至资质准备等方面合理地安排时间进行准备。

3 多找政府，加强沟通

立项要提前给政府报告，项目实施过程要多给监管部门汇报，项目验收工作要准备充分。补贴类项目多为“先建后补，先干后奖”，验收关系到补贴是否能最终到账，因此应加强与相关部门的沟通。通过以上几个方面运作补贴项目，申报的成功率会大大提高。

四、熟悉行业、懂点技术

1. 农业的产业特征

农业生产大致包括种植业、畜牧养殖业、水产养殖业、加工业、林业、技术服务业等。

种植业成败的关键在于是否做好选好种、改良土壤、用好肥、节水灌溉、正确使用农药、及时收获、科学仓储、适时销售等工作。

养殖业成败的关键在于是否做好优良品种繁育、降低饲料成本、科学防疫、适时销售等工作。

加工业成败的关键在于是否降低原料成本、管好成品质量、做好销售等工作。

林业成败的关键在于是否做好育苗、减灾、防火、销售等工作。

技术服务业的关键在于技术人才和服务项目。

2. 农业的技术核心

种植业农场技术核心：病虫草鼠害防治和减灾。

养殖业农场技术核心：繁育技术和疫病防治。

混合农场技术核心：最容易造成损失的问题在哪儿，哪儿就是技术核心所在。

五、善于经营、勤于管理

（一）农场经营成败策略

1. 专业程度决定成败

建家庭农场是专业性和实战性都非常强的一门学问，同时涉及的学科知识非常多，如果您想投资家庭农场，要获得较好的收益，就一定要请专家支招。如果自己边学边摸索，所需的学费和代价最不值得，而且所费时间长，损失和浪费都无可预估。无数的实践证明，建家庭农场是一个系统工程，专业程度决定你的成败，投资越大，专业要求越高，可产生的经济效益和损失区别也越大。因此，在建农庄之前必须寻找专业团队来运作，以获得最佳的经营管理资源，这是减少资金浪费、规避投资风险、获得投资安全和最佳效益的唯一方法。

2. 经营模式决定效益

经营模式直接决定家庭农场的经济效益、生产成本、政府资金扶持力度。但是很多投资者完全不注重创新模式，休闲家庭农场都是千篇一律的餐饮、垂钓、棋牌，既没有特色，也没有自己的产业支持，季节性波动大，因而没有竞争力，没有可持续的盈利能力。每个投资者要使家庭农场有高效益，必须同时经营几个甚至十多个项目，如开发野味养殖→绿化苗木花卉→动物标本加工→野味休闲食品加工→野味餐饮→狩猎等系统项目，形成产业链，农场才能获得巨大的经济效益。经营模式决定效益，投资者要认真研究家庭农场的经营模式。

3. 项目定位决定回报

初次建家庭农场，一缺资金，二缺技术，很容易被别的家庭农场误导。许多项目最初你认为会赚钱，实际上却效益低下甚至亏本，如：采摘水果、蔬菜、户外拓展、垂钓、水上项目等，都是投入大、产出低、效益差的项目。但是很多人没有亲身经历，没有成本核算，根本不清楚其投入产出比，所以容易被误导，导致投资失败。同时，要注意投资的项目之间要有很强的关联性，资源互为循环利用，以降低成本，获得高回报。

4. 特色经营决定竞争力

家庭农场效益取决于特色，特色明显就能够吸引大量客户，产生较好的收益。目前，一般的家庭农场、农家乐，没有特色，同质化严重，菜谱原料全部源于农贸市场，菜色没有本质区别；而特种动物养殖、乡土餐饮是明显区别于普通农家乐的特色经营项目，竞争力强大。农场主要确立：前店后场，自产自销、新鲜安全、低价营养的经营理念，这是休闲家庭农场成功的重要法宝。

5. 资金使用决定投资安全

家庭农场投资者大部分资金较紧张，所以应非常注重资金投放的项目及预算，包括基础设施、特种动物养殖及栏舍、野味餐饮、环境绿化等都要细化。同时，对投资建设的时间、周期、场地选择、建筑材料、建筑风格、内部构建、场地规划、功能布局、生产设施等，都需要非常熟悉的专业人员才能全面把控，才可保证资金不浪费。投资者要学会掌握资金的杠杆效益，发挥最大的投资收益。目前，许多人仅凭自己有限的知识或随意看几个农场或听他人只言片语的介绍，就盲目投资家庭农场，势必造成大量资金的浪费。

6. 产业支撑决定农场生命力

一般家庭农场只有休闲、餐饮收入，遗憾的是目前家庭农场投资者没有把有限的资金放在建立产业链上，导致农场建成后没有自己的产业支撑，这也是造成许多家庭农场半途而废的根本原因。

（二）家庭农场财务管理的几种方式

一是开放性管理

这种管理方法的前提是家庭收入必须很可观，家具、电器俱全，又无子女升学及买房子的近忧，所以除大开支上严格管理外，家庭成员零零碎碎的小开支，基本上处于开放状态，开口即取。这种方法灵活性大，但容易滋生家庭成员乱花钱的坏习惯，特别是不利于孩子科学的金钱观与人生观的形成，故一般不提倡这种管理方法。

二是“一支笔”管理

这种方法不局限于谁管理，但要集中管理。首先给每位拿工资的家庭成员核定每月上交基数（例如工资收入的70%），每月领了工资就统一上交管理者，然后由管理者来统筹安排家庭每月的开支。遇有个别特殊开支，在经济条件许可的情况下，由管理者“一支笔”发给。这种管理方法有很强的计划性，容易积聚财富。其不足之处是欠灵活，开支的随意性较差，个人手头显得有些拮据，但也因此有助于养成俭朴作风。这种方法符合我国国情，值得提倡。

三是分类管理

具体地说，就是将各家庭成员每个月的收入统一上交“国库”，然后分成伙食费、水电费、零花钱以及计划添置高档家具电器等几部分，分别由家庭成员管理，实行定向管理，以节约开支。这种方法比“一支笔”管理安排得更细致，责任性更强。它鼓励家庭成员节约开支，人人管钱，互不争钱，有利于和睦相处，故也是一种可以广泛使用的管理方法。但由于它是多头管理，容易导致乱开支、盲目开支和贪污挪用等家庭经济问题的发生。所以，这种方法能否实施和奏效，还要视家庭成员的诚信如何。

四是分流管理

近年来，这种方法较多地被新建立的小家庭所采用。其前提是夫妻双方都有收入，在保障生活正常开支的情况下，每人手头都有较充实的“灵活钱”。两人都管钱，开支互不牵制对方，各自根据需要进行开支。但是对方要对开支的趋向实行严格监督，防止乱开支、乱花钱。这种方法灵活性较强，适用于夫妻双方讲求经济独立的新家庭；其不足是随意性太强，容易出现乱开支、铺张浪费的情况，并且不利于家庭良好关系的培养。

（三）农业风险

开办农场不可避免地要面对农业风险，了解农业经营风险是当好农场主的必修课。

一般来说，根据风险的成因可以把农业风险划分为自然风险、市场风险、社会风险、技术风险和信贷风险。

1. 自然风险

自然风险，是指由于自然力的不规则变化，引起的种种自然灾害。农业的自然风险主要表现在气象灾害、病害和虫害三个方面。我国幅员辽阔，地理环境和气候千差万别，农业风险更加复杂。中国素有“三岁一饥、六岁一衰、十二岁一荒”之说。我国的自然灾害种类多、频率高、强度大，而且时空分布广、地域组合明显、受损面广、损害严重。

近年来，温室效应造成全球气候变化明显，包括我国在内的世界各地自然灾害频发，如干旱、洪涝、台风、严寒、酷暑、病虫害、疫情、地面沉降、外来生物入侵等。

2. 市场风险

农业的市场风险，一般是指在农业生产和农产品销售过程中，由于受到市场供求失衡、农产品价格波动、经济贸易条件等因素变化和资本市场态势变化等方面的影响，或者由于经营管理不善、信息不对称、市场前景预测偏差等导致农户经济上遭受损失的风险。

价格波动是影响农业生产的重要因素，这种影响既可能是农业生产资料价格上涨，又可能是农产品价格的下跌，还可能是农业生产资料价格上涨高于农产品价格上涨。由于农业生产的周期较长，导致市场调节的滞后性，农产品的价格易发生较大的变动。

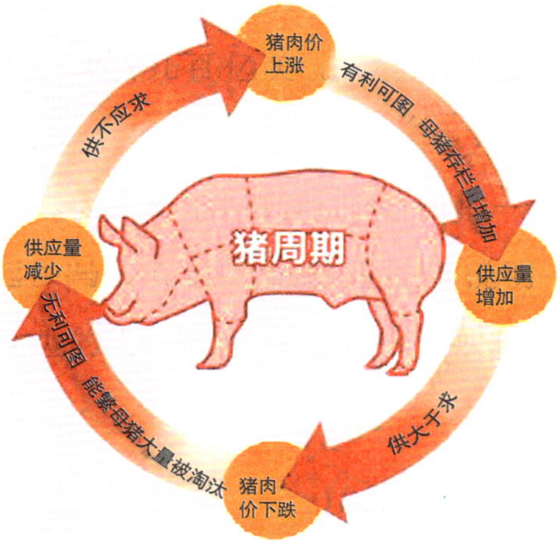

养猪农场应关注猪周期。

3．社会风险

社会风险是指由于个人或团体的社会行为造成的风险。家庭农场的社会风险主要表现在：一是伪劣种子、化肥和农药等农业生产资料造成的农业生产损失；二是错误的行政干预造成的农业生产损失；三是工业污染给农业生产和经营造成的损失；四是农业政策等经济环境的变化给农业生产和经营造成的损失；五是政策变化等政治因素引起或造成的各种损失。

4．技术风险

技术风险是指由于某些技术因素的副作用或操作不当而产生的风险。如转基因对食物安全的可能损害；农药在防治病虫害的同时可能残留在蔬菜或水果中，畜禽因误食污染饲料而中毒；选用假冒种子造成减产，樱桃种植园授粉树配置不当造成坐果率低……

5．信贷风险

家庭农场需要信贷支持，银行有专项支农信贷资金，农场主在申请小额贷款时，要充分考虑经营风险。农业生产的不确定因素很多，生产、经营或管理任何一个环节出问题，都会造成巨大损失，最终无法偿还银行的债务。

六、猎于市场、守住渠道

1．农产品市场与渠道

（1）农产品市场　农产品市场有本地局部市、县区域市场，省级市场，国内市场和国际市场。全国主要农产品批发市场可上网查询。

（2）农产品营销渠道　营销渠道就是商品和服务从生产者向消费者转移过程的具体通道或路径。

农产品的影响渠道受社会发展的影响很大，信息技术为异地交易提供了物质基础，便利的运输大大提高了农产品物流的速度。

1）农产品销售的渠道类别

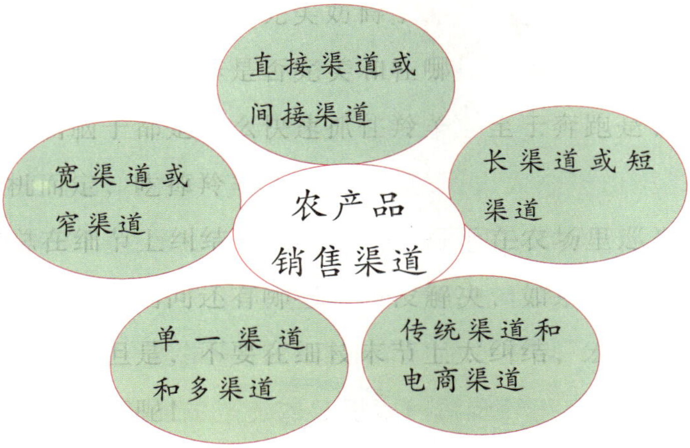

2）农产品传统销售渠道和新兴渠道

传统渠道

生产者→批发市场→销售渠道→消费者

新兴渠道

生产地→配送中心→超市、连锁店→消费者

顺丰冷运让北京人1天内吃到岭南荔枝　经典案例

顺丰速运宣布推出“顺丰冷运”业务，在整合顺丰现有物流、电商、门店等资源的基础上，为生鲜食品行业客户提供冷运仓储、冷运干线、冷运宅配、生鲜食品销售、供应链金融等一站式解决方案。“顺丰冷运”承诺，岭南的荔枝可以在24小时内，从枝头采下，航空直达北京，到消费者口中。

可见，无论选择哪种渠道，把合适的产品卖给合适的需求者才是最有效的渠道。

3）营销渠道管理原则

适度成本原则——农场因资金所限，在渠道建设中，要把钱花在刀刃上。营销渠道并不是选择成本最低的渠道，而是确定成本适度的“有效渠道”。

有效性原则——农场建立渠道时，要考虑市场容量、顾客需求、产品特征等，还应考虑渠道层次关系，减少无法实现增值的环节。

弹性原则——农场在设计渠道结构时，要充分考虑今后的发展因素，不能局限于一种或几种渠道模式。要以变应变、变中求稳，尽量保持主动权和话语权。

2. 产品价格升级

一瓶纯净水的生产利润大约1分钱；进入零售的利润就增长了10倍，大约1角钱；当这瓶水进入了餐馆利润又涨了10倍，就变成了大约1元钱；当这瓶水进入了五星级宾馆，利润还会涨10倍，就变成了大约10元钱。同样是一瓶水，进入市场之后价格发生了巨大的变化，利润也发生了巨大的变化，水的质量、包装都没发生变化，但利润简直是不可思议。

传统的经济学认为交换并不创造财富，因为交换的过程中被交换物并未发生变化。如一只兔子换一只鸡，交换之后兔子还是兔子，鸡还是鸡，并未因交换而产生增加值。但实际上养兔子的人也许不会养鸡，或者养鸡的成本会比养兔子还高；反之养鸡的也遇到同样的问题。于是才有了交换，并且通过交换让各自的利益得到满足，各自得到自认为满意的享受。

交换同样会有交易的成本，这个成本也会在交换中产生价值的创造，并获得应有的利润与财富。

一瓶水之所以生产者的利润最低，因为对无特殊技术含量的产品而言，生产者的自动化生产程序会形成连续的作业以降低成本，并且不承担面对社会提供零售的交易成本，可以用低利润为竞争条件换取批量销售的成果。

零售环节增加了运输等成本，价格发生了变化。消费者得到了方便、享受了服务，零售商换取了高于生产者的利润率。

当水进入了餐馆，消费者除零售环节之外还享受了餐桌、杯具等服务，因此支付给了餐馆更高的利润。

当水进入了五星级宾馆，则消费者还额外享受了更好的服务，包括大厅、温度、干净的桌布、贵宾式的服务等。一瓶同样的水到消费者手中价格增加了许多，水仍然是原来的水，但消费者情愿支付高昂的价格，因为消费者得到了水本身以外的享受。

消费者有享受不同服务的选择权，因此当交易完成时，一方得到了消费的满足，另一方得到了服务的利润。

利润在整个消费选择中的升级和价格在交换环节中的变化就是财富创造的过程。一瓶水虽未发生变化，但交易的性质发生了变化，已从单纯的购买一瓶水变成了水只是整个生活享受过程中的一部分。

从一瓶水的交换过程可以看出两个问题：一是当水从低消费向高消费的转化过程中增加了服务增值的享受，消费升级的同时所创造的利润与财富价值越高，反之就越低。二是生产与交换中劳动者的工资随着服务等级的上升而上升，交易成本的增加要求获取更高的利润来支付交易成本和提供消费升级。

3．农产品网络销售技巧

（1）定位好关键词　太多的买家都知道用电子商务做生意，他们一般都会在阿里巴巴、百度、谷歌、雅虎等平台上查找他们需要的，他们会按产品名或者公司名、品牌、地区等搜索，而关键词就是他们搜索的核心，因此设置关键词就很重要。要把产品的多种名称都写进去，比如说土豆，也叫马铃薯，这两个词都写上。而且顺序是马铃薯、土豆，查询的顺序是从后往前的。在设置时，在品牌、型号等关键词之间加空格或者逗号更容易被搜到，还要注意买家的搜索习惯和生意习惯等。

关键词要经常出现，在供求信息的标题里，公司介绍中的主营产品和服务中要把产品的内容全部写进去；论坛文章的标题、内容、签名档或者博客文章的标题、标签、内容中要常提到，因为每次发表文章或者跟帖中都会有，支持别人的同时也可以推广自己。其他搜索网站会抓取博客中的资讯、文章内容、标题，这样出现的次数多就有机会被搜索到。

（2）拍好宣传图片　一定要让别人知道图片里是什么，一眼就可以看出这张图片里传达的信息。诚信通会员可以有三张图片上传，因此可以利用不同角度来全方位展示产品。

图片色彩要鲜明，光线要柔和清晰，角度要好，同时产品的摆放方式要醒目。

（3）让信息排名靠前　信息排名是按产品发布的先后顺序来的，要靠前就要多次的重复发布，还要掌握一些技巧，比如可以分时间段发，早上 9 至 10 点，下午 3 至 4 点，下午下班时间，都可以发。产品信息不要一个时间都发完，分 3 个时间段，一次发几条。还有的商友晚上 10 点以后发一次，主要是针对外贸客户，那时正是外商上班时间，有可能会看到你的信息。如果你常在电脑前，每 10 分钟重发一次，就像是在竞价一样，但这种方式却是免费的，如果平时很忙，信息至少一周重发一次，不是很忙可以每天重发一次。跑市场的每天早上上班早到几分钟，开电脑发一次，下午下班返回时再发一次。如果实在没有时间，那就要采用竞价的方式了，这是要交费的，但是不受时间限制，竞价的产品总是排在最前面。信息发布时用一口价或者有支付宝的都可以排名靠前。

（4）询盘　要想留住买家，询盘的回复时间、回复技巧、跟进技巧以及合理的样品寄送都是很重要的。回复询盘一定要及时，回答客户问题要简单干脆，让客户感觉你很专业。你在线时间要尽量长一些，这样可及时与客户沟通，还可以省去一些费用。自己的邮箱要及时清理，以便一些有用的信息能接收进来，不在电脑边上时，要设置自定义状态，以便让客户了解你的情况。

有询盘的，说明对方是有一定意向的，就要去了解对方，确定他本人是否真实，公司是否认证以及联系方式等大致信息。询盘后要及时跟进，要多站在对方的立场上考虑问题，先交朋友后做生意。即使最后不能成交，也要珍惜这个客户资源，也许以后会有机会再合作。

（5）样品的问题　在寄送样品时要分析情况，不能客户开口要样品就一定寄过去，比如有的客户一开口就要样品，而对产品的情况根本就不了解，这样的客户就不要给他寄样品。有的客户对产品的特殊性能都没有要求，就要样品，这样的客户也不能寄给他样品。还有一些客户对产品有意向，这时要分情况决定寄送样品：如果样品的成本很高，要收成本费，但是可以免收邮费；如果成本很低，邮费高时，可以不收成本费收邮费；如果客户很计较这些费用的付出，说明诚意不够，还需要沟通，进一步商量，如果商量不成，就放弃。

第四单元 家庭农场会计常识

单元提示

1. 家庭农场会计科目的核算内容。
2. 规范家庭农场会计核算程序。
3. 家庭农场成本核算及营业收支。
4. 家庭农场简易会计核算办法。

一、家庭农场会计科目的核算内容

在《农业企业会计制度》中，涉及家庭农场的会计科目有“应收家庭农场款”“应付家庭农场款”和“待转家庭农场上交款”三个总账科目。制度规定：“应收家庭农场款”核算企业应收、暂付家庭农场的各种款项；“应付家庭农场款”核算企业应付、暂收家庭农场的各种款项；“待转家庭农场上交款”核算企业待结转的应收家庭农场的上缴利润、管理费、福利费及劳动保护费；三个总账科目都按家庭农场名称设置相关明细账。

从完整反映会计信息的角度考虑这三个会计科目核算的内容必须作如下调整：

“应收家庭农场款”必须进行三级核算，即在总账科目下按费用项目设置二级明细科目，再按家庭农场的名称设置三级明细科目，即设置应收固定上交款、应收投资性借款、应收扶贫性借款、应收垫付款、坏账准备等二级科目。其中，应收固定上交款核算应上交的利润、管理费等项目，对家庭农场来说，固定上交款都是费用支出，不需细分项目列支。该科目的余额在借方，表示应收未收的“固定上交款”，应与待转家庭农场上交款科目贷方余额相等；应收投资性借款核算农业企业向家庭农场提供生产性设备或物资，家庭农场以产品或现金分期偿还的借款。该科目的余额在借方，表示未到期的投资性借款和到期未偿还的借款，且到期未偿还的借款应按一定比例提取坏账准备。应收扶贫性借款核算农业企业向家庭农场提供的扶贫性借款，核算方法与投资性借款类似。应收垫付款核算企业先行提供生产物资、劳务或借给生产经营用现金，或统一代付应由家庭农场个人承担的社会保障费、保险费等，该科目的余额在借方，表示应收未收垫付款项，应按一定的比例提取坏账准备。年末对应收家庭农场款提取坏账准备，不同款项应按不同比例，且比例应高于应收账款的坏账准备计提比例。

“应付家庭农场款”的贷方核算家庭农场当年上交产品、现金或结转劳务收入在全部偿还当年应偿还的应收家庭农场款后的余额，借方核算家庭农场领取分配款或用于转账支付生产费用、偿还借款、上交固定款项等内容，余额为当年未兑现的分配款或是留存的下年度生产流动资金或储备资金。

“待转家庭农场上交款”专门核算家庭农场“固定上交款”，贷方发生额反映当年应收“固定上交款”总额，借方发生额反映当年实际收到本年度和以前年度的固定上交款的数额。年末贷方余额表示应收未收的固定上交款，应与“应收家庭农场款——应收固定上交款”借方余额相等，本户不允许出现借方余额。

知识链接 家庭农场种植蔬菜成本核算

一、蔬菜生产中物质费用的核算

1. 种子费　外购种子或调换的良种按实际支出金额计算，自产留用的种子按中等收购价格计算。

2. 肥料费　商品化肥或外购农家肥按购买价加运杂费计价，种植的绿肥按其种子和肥料消耗费计价，自备农家肥按规定的分等级单价和实际施用量计算。

3. 农药费　按蔬菜实际使用量计价。

4. 设施费　有些蔬菜种植使用了大棚、中小拱棚、棚膜、地膜、防虫网、遮阳网等设施。根据实际使用情况计价。对于可多年使用的大棚、防虫网、遮阳网等设施要进行折旧，一次性的地膜等可以一次计算。折旧费可按以下公式计算：

折旧费 =（物品的原值 − 物品的残值）× 本种植项目使用年限/折旧年限

5. 机械作业费　凡请别人操作或租用农机具作业的按所支付的金额计算。如用自有的农机具作业的，应按实际支付的油料费、修理费、机器折旧费等费用，折算出每亩支付金额，再按蔬菜面积计入成本。

6. 排灌作业费　按蔬菜实际排灌的面积、次数和实际收费金额计算。

7. 管理费和其他支出　管理费是种植户为组织与管理蔬菜生产而支出的费用，如旅差费、邮电费、调研费、办公用品费等。承包费也应列入管理费核算。其他支出如运输费用、贷款利息、包装费用、租金支出、建造栽培设施费用等也要如实入账登记。

物质费用＝种子费＋肥料费＋农药费＋设施费＋机械作业费＋排灌作业费＋管理费＋其他支出。

二、蔬菜生产中人工费用的核算

我国的蔬菜生产仍以手工劳动为主，因此人工费用在蔬菜产品的成本中占有较大比重。人工消耗折算成货币比较复杂，种植户可视实际情况既要计算雇工人员的工资支出，也要把自己的人工消耗算进去。

三、蔬菜产品的成本核算

核算成本首先要汇总某种蔬菜的生产总成本，在此基础上计算出该种蔬菜的单位面积（亩）成本和单位质量（千克）成本。生产某种蔬菜所消耗掉的物质费用加上人工费用，就是某种蔬菜的生产总成本。如果某种蔬菜的副产品（如瓜果皮、茎叶）具有一定的经济价值时，计算蔬菜主产品（如食用器官）的单位质量成本时，要把副产品的价值从生产总成本中扣除。

生产总成本＝物质费用＋人工费用

单位面积成本＝生产总成本/种植面积

单位质量成本＝（生产总成本－副产品的价值）/总产量

为搞好成本核算，蔬菜种植者应在做好生产经营档案的基础上，把种植过程中发生的各项成本详细计入，并养成良好的习惯，对今后的种植大有益处。

二、家庭农场会计核算程序

为了加强家庭农场的经营管理，提高经济效益，家庭农场会计核算工作，是由各农业生产队的会计无偿为其提供服务的。家庭农场会计核算，是每户一套账和一套会计报表，各家庭农场可随时到农业生产队财务室查看自己的账和报表。为保证家庭农场会计信息的真实、及时、有效，必须进一步规范家庭农场会计核算程序。家庭农场会计核算程序的规范表现为：

1. 规范原始凭证的取得途径

与家庭农场生产经营有关的原始凭证按来源可以分为两大类，外来的原始凭证和自制的原始凭证。对外来的原始凭证，可直接作为入账的依据；没有取得外来原始凭证的业务，可以自制原始凭证，但必须详细说明经济业务发生的时间、地点、收支内容、数量、单价、金额等内容。自制的原始凭证必须经家庭农场场长签字后才可作为入账的依据。家庭农场必须及时将取得的原始凭证交农业生产队会计。

2. 规范记账凭证的编制

农业生产队会计根据家庭农场交来的原始凭证编制记账凭证。由于每个农业生产队的家庭农场较多，各家庭农场的经济业务大致相同，因此农业生产队会计容易混淆各家庭农场的经济业务和记账凭证。为此，农业生产队应将各家庭农场与其相应的记账凭证对应编号，且各家庭农场的账簿、会计报表也沿用此编号，以示与其他农场的凭证、账簿、报表相区别。

3. 规范应上报的会计报表

会计期末，根据账簿记录编制的会计报表应为：资产负债表、家庭农场经营盈亏表、往来款项表、利费税完成情况表。报表一式两份，一份自留，一份交农场财务科。

知识链接

家庭农场养羊成本核算

以饲养 500 只基础母羊为例：

1. 成本

（1）基建总造价　羊舍造价：500 只基础母羊，净羊舍 500 米^2；周转羊舍（羔羊、育成羊）1 250 米^2；25 只公羊，50 米^2 公羊舍。

羊舍总造价 = 1 800 米^2 × 造价/米^2

青贮窖总造价 = 500 米^2 × 造价/米^2

储草及饲料加工车间总造价 = 500 米^2 × 造价/米^2

办公室及宿舍总造价 = 400 米^2 × 造价/米^2

合计为基建总造价。

（2）设备机械及运输车辆投资：青贮机总费用，兽医药械费用，变压器等机电设备费用，运输车辆费用等。

合计为设备机械及运输车辆总费用。

每年固定资产总摊销 =（基建总造价 + 设备机械及运输车辆总费用）÷10 年

（3）种羊投资　种母羊投资 = 500 只母羊 × 价格/只

种公羊投资 = 25 只公羊 × 价格/只

合计为种羊总投资。

每年种羊总摊销 = 种羊总投资 ÷5 年

（4）建成后需干草、青贮料、配合精料

1）种羊料

干草：525 只种羊 × 干草量/（天·只）×365 天 × 价格/千克干草 = 成年羊年消耗干草费用

精料：525 只种羊 × 精料量/（天·只）×365 天 × 价格/千克精料 = 成年羊年消耗精料费用

青贮料：525 只种羊 × 青贮料量/（天·只）×365 天 × 价格/千克青贮料 = 成年羊年消耗青贮料费用

合计为种羊饲养总成本。

2）育成羊料（7 个月出售，5 个月饲喂期）

干草：总羔数 × 干草量/（天·只）×150 天 × 价格/干草千克 = 育成羊年消耗干草费用

青贮料：总羔数 × 青贮料量/（天·只）×150 天 × 价格/千克青贮料 = 育成羊年消耗青贮料费用

精料：总羔数 × 精料量/（天·只）×150 天 × 价格/

千克精料＝育成羊年消耗精料费用

合计为育成羊饲养总成本。

总饲养成本＝种羊饲养总成本＋育成羊饲养总成本

（5）年医药、水电、运输、业务管理总摊销　10元/（年·羔）×总羔数

（6）年工人工资：25元/（年·羔）×总羔数＝年总工资成本

2. 收入

（1）年售商品羊　总育成数×出栏重/只×价格/千克活羊

（2）羊粪收入

总粪量＝525只种羊×产粪/（只·年）

羊粪收入＝总粪量×价格/米^3

（3）羊毛收入：525只种羊×产毛量/只×价格/千克毛

以上三项合计为总收入。

3. 经济效益分析

建一个基础母羊500只的商品羊场，年总盈利为：

总收入－年种羊饲养总成本－年育成羊饲养总成本－年医药、水电、运输、业务管理

总费用－年总工资－年固定资产总摊销－年种羊总摊销

每售1只育成羊盈利：年总盈利÷总育成数

三、农产品成本开支范围、计算对象和项目

1. 成本核算中各种支出、费用、成本的界限

一是对计入成本的一次性耗用的生产物资如肥料、农药等，必须按历史成本法计价，并按照实施地盘存制严格遵循“本期减少数＝期初结存＋本期增加数－期末结存数”。计算本期使用的生产物资的成本，禁止将期末结存

的一次性耗用的生产物资的成本计入农产品的成本之中。

二是对于当年购入能多次周转使用的生产物资，即低值易耗品的成本，不能一次性计入当年成本之中，而应根据该生产物资的成本，按其预计使用年限，采用不同的计价方法，将成本在其发挥效益的多个生产周期中摊入农产品的成本，如用于水稻育秧的钢骨架大棚等。

三是固定资产必须按选定的方法定期计提折旧，计入农产品的成本。

四是在上交粮食过程中发生的运费，应该计入营业费用进行核算，而不应计入农产品的成本。

2. 农产品成本计算对象和成本项目

①直接人工费：指临时用工发生的人工费，不包括家庭成员提供的人工费。②直接耗用生产物资费：包括农产品种植过程中所需一次性耗用的种子或种苗、肥料、农药、灌溉费等。③分次摊销的生产物资费：包括农产品种植过程中能多次耗用的需分期摊销的生产物资的成本，包括各种低值易耗品的摊销费、耕地开发改造摊销费、水利设施摊销费等。④机械作业费：主要指机械折旧费和田间运输费等。⑤其他费用：包括不含于上述成本项目之中的其他的成本费用。

四、家庭农场营业总支出和定额工资

营业总支出对家庭农场利润总额指标和净收入指标计算的准确性有着重要的影响。营业总支出包括营业成本和营业费用，在计算营业成本时除了包括上述成本计算中应包含的成本之外，还应该包括地租中应计入营业成本的部分，而这部分往往最容易被忽视。

定额工资是指家庭农场的劳动力的基本报酬，包括标准工资、工资性补贴和福利费。

定额工资的计算方法：如果家庭农场的劳动力原为农场职工，按原工资标准计算，非职工则按农场统一的平均工资标准计算。

五、家庭农场贷款

1. 中国人民银行贷款

2014 年，中国人民银行发布《关于做好家庭农场等新型农业经营主体金融服务的指导意见》，指出，关于从事林木、果业、茶叶及林下经济等生长周期较长作物种植的，贷款期限最长可为 10 年，详细期限由金融机构与借款人依据实际情况协商确定。

在贷款额度上，从事种植业的专业大户和家庭农场经营贷款金额最高可以为借款人农业生产经营所需投入资金的 70%；其他专业大户和家庭农场经营贷款金额最高可以为借款人农业生产经营所需投入资金的 60%；家庭农场单户贷款原则上最高可达 1 000 万元。贷款利率低于同类同层次银行贷款利率平均水平。

2. 中国农业银行贷款

2013 年，中国农业银行出台了《中国农业银行专业大户（家庭农场）贷款管理办法（试行）》（以下简称《办法》），规定专业大户和家庭农场贷款额度提升到 1 000 万元。

根据客户经营现金流转的特点设定了更加科学灵活、符合实际的贷款约期和还款方式，贷款期限最长可达 5 年；针对农村地区担保难的问题，《办法》创新了农机具抵押、农副产品抵押、林权抵押、农村新型产权抵押、“公司 + 农户”担保、专业合作社担保等担保方式，还允许对符合条件的客户发放信用贷款。

根据规定，贷款人必须是有本地户口的家庭农场经营户、家庭农场经营状况良好、无不良信用记录和拖欠他人资金的情况。

具体包括：借款人种养历史经验和专业经营能力、应对市场价格波动能力、承包经营农地的合法性和稳定性、家庭稳定性、财务状况、个人品行以及新型担保方式的合法合规性、价值稳定性、处置变现的难易程度等。

贷款办理时需要携带的材料

- 申请书。
- 家庭农场营业执照。
- 家庭农场的介绍。
- 以土地承包经营权抵押的，需要有《农村土地承包经营权证》《农村土地承包经营权流转合同》或《林权证》。农机具抵押、农副产品抵押，也需要出示相关的所属证明。
- 家庭农场法定代表人身份证及法定代表人介绍。
- 有验资报告的提供验资报告。
- 近三个月的资产负债表和财务说明。
- 还款计划说明。

所需材料全部要加盖家庭农场公章。

六、家庭农场简易会计核算办法

1．会计科目

顺序号	编号	会计科目名称
		一、资产类
1	101	现金及存款
2	111	应收款项
3	121	存货
4	151	长期资产
		二、负债类
5	201	应付款项
		三、权益
6	301	业主投资
7	321	本年利润

顺序号	编号	会计科目名称
		四、成本类
8	401	生产成本
		五、损益类
9	501	经营收入
10	511	经营支出

注：家庭农场可以根据实际需要，对上述会计科目作必要的增减或合并：①采用商业汇票结算较多的，可增设“112 应收票据”和“202 应付票据”科目；②预收账款项和预付账款项较多的，可增设“209 预收款”和“119 预付款”科目；③有政府补助收入的，应增设“510 补助收入”科目；④有涉及未决诉讼资产的，应增设“157 其他资产”科目。

2. 会计科目使用说明

第 1 号科目　现金及存款

（1）本科目核算家庭农场的库存现金以及家庭农场存入银行或其他金融机构的款项。

（2）家庭农场收到现金或存入款项时，借记本科目，贷记有关科目；支出现金或银行存款时，借记有关科目，贷记本科目。

（3）本科目的借方余额反映家庭农场的库存现金和存款的余额。

第 2 号科目　应收款项

（1）本科目核算家庭农场因从事生产经营活动而发生的应收和暂付其他单位或个人的款项。家庭农场向购货单位或接受劳务单位或个人预收的款项也应在本科目核算。

（2）家庭农场发生应收款项时，借记本科目，贷记“经营收入”等科目；收到款项时，借记“现金及存款”科目，贷记本科目。

（3）对于确实不能收回的应收款项，可按规定确认为坏账，借记“经营支出”科目，贷记本科目。已确认并转销的坏账以后又收回时，借记“现金及存款”科目，贷记“经营支出”科目。

（4）家庭农场预收款项时，借记“现金及存款”科目，贷记本科目；收入实现时，按应收款项总额借记本科目，贷记“经营收入”科目。应收款项总额与预收款项相抵后的差额为尚未收到的款项。

（5）本科目应按债务人设置明细账进行明细核算。

第3号科目　存货

（1）本科目核算家庭农场各种库存存货的实际成本。

存货包括家庭农场的各种材料、商品、原产品、半成品、低值易耗品以及用于设备维修、劳动保护、办公等方面的材料物品。

（2）外购存货的实际成本包括买价、运杂费、合理损耗及应计入存货成本的税金等。

（3）家庭农场购入存货，借记本科目，贷记“现金及存款”“应付款项”科目。

（4）业主投入的存货，应按确认的价值，借记本科目，贷记“业主投资”科目。

（5）家庭农场因出售存货而结转存货的实际成本，借记“经营支出”科目，贷记本科目。

发出存货的实际成本，原则上应按加权平均法计算确定。

（6）家庭农场的各种存货应定期清查盘点，发现盘盈、盘亏、毁损的，应查明原因，核实处理。盘盈的存货，应借记本科目，贷记“经营收入”科目；盘亏或毁损的存货，报经批准后，借记“经营支出”科目，贷记本科目。

第 4 号科目　长期资产

（1）本科目核算家庭农场在生产经营中使用的固定资产、无形资产等的净值。

（2）家庭农场拥有符合规定标准的固定资产，应设置“固定资产卡片”进行明细核算。

（3）增加固定资产，借记本科目，贷记“现金及存款”“业主资金”等科目；计提固定资产折旧，借记“经营支出”科目，贷记本科目。

（4）因出售等原因减少固定资产，按照售价，借记“现金及存款”等科目，按照固定资产净值，贷记本科目，如售价大于净值，按两者的差额贷记“经营收入”科目；如售价小于净值，按两者的差额借记“经营支出”科目。

（5）家庭农场取得符合规定标准的无形资产，借记本科目，贷记“现金及存款”“业主投资”等科目；按期摊销时，借记“经营支出”科目，贷记本科目。

第 5 号科目　应付款项

（1）本科目核算家庭农场因购买存货、接受劳务供应及其他原因应付和借入款项。

（2）家庭农场借入款项时，借记“现金及存款”科目，贷记本科目；归还借款时，借记本科目，贷记“现金及存款”科目。

按银行规定的贷款利率计算的借款利息，借记“经营支出”科目，贷记本科目；实际支付时，借记本科目，贷记“现金及存款”科目。

（3）家庭农场因购入存货和接受劳务等发生的应付款项，借记“存货”等科目，贷记本科目；支付款项时，借记本科目，贷记“现金及存款”科目。

（4）本科目应按债权人设置明细账进行明细核算。

第6号科目　业主投资

（1）本科目核算业主投入生产经营活动的资金，以及本年生产经营活动实现的利润和以前年度利润（或不能以经营所得税前弥补的亏损）的结存情况。

（2）业主投入的供生产经营中使用的货币资金、实物等，借记“现金及存款”“存货”“长期资产”科目，贷记本科目。

（3）业主借出或减少生产经营资金，借记本科目，贷记“现金及存款”等科目；业主归还或增加资金，借记“现金及存款”等科目，贷记本科目。

业主通过购买股票债券、与他人合资办企业等方式进行对外投资，应作为业主借出生产经营资金处理。对外投资取得的收益，作为业主个人收入处理，不记入家庭农场账内。

从家庭农场账内代为支付的业主个人或其家庭支出，应视同业主提款，借记本科目，贷记“现金及存款”等科目。

业主减少投资，按减少的资金额，借记本科目，贷记“现金及存款”等科目。

本科目的年末余额为年末时业主投入生产经营的资金。

第 7 号科目　本年利润

（1）本科目核算家庭农场本年生产经营活动的应纳税所得。

（2）年末，家庭农场应结转经营收入和经营支出，计算确定本年经营所得。结转时，应将“经营收入”科目的余额转入本科目，借记“经营收入”科目，贷记本科目；将“经营支出”科目的余额转入本科目，借记本科目，贷记“经营支出”科目。经营收入减经营支出的差额如为正数，即为本年经营所得；反之，为经营亏损。

（3）计算出的本年经营所得，应转入“业主投资”科目，借记本科目，贷记“业主投资”科目。

第 8 号科目　生产成本

（1）本科目核算家庭农场农业活动过程中发生的各项生产费用。

（2）发生的各项生产费用，应按成本核算对象归集，借记本科目，贷记“现金及存款”“存货”“应付款项”等科目。

（3）会计期间终了，对已生产完成并验收入库的初加工产品和农产品，借记“存货”科目，贷记本科目。

（4）对外实现销售时，借记“经营支出”科目，贷记本科目。

（5）本科目应按生产费用的种类设置明细科目，进行明细核算。

（6）本科目的期末借方余额，反映尚未完成的产品。

（7）家庭农场农产品的成本项目应当包括：

①直接材料费。实际耗用的自产或外购的种子、种苗、肥料、地膜、农药等，发生时直接计入生产成本。分次摊销的生产物资费，包括农产品生产过程中能多次耗用的需分期摊销的生产物资的成本，包括各种低值易耗品的摊销费、耕地开发改造摊销费、水利设施摊销费等。

②直接人工费。指临时用工发生的人工费，不包括家庭成员提供的人工费。

③机械作业费。是指生产过程中进行耕、耙、播种、施肥、中耕、除草、喷药等机械作业所发生的费用支出。如燃料和润滑油、修理用零部件，农机具折旧费、农机具修理费等。有航空作业的种植业，还包括航空作业费。

④其他直接费。是指除直接材料费、直接人工费和机械作业费以外的其他直接费用，如灌溉费、抽水机灌溉作业费、运输费等。发生时直接计入产品的生产成本。

⑤制造费用。应摊销、分配计入各产品的间接生产费用。

第 9 号科目　经营收入

（1）本科目核算家庭农场从事各种生产经营活动所取得的各项收入，包括存货销售和提供劳务取得的收入、财产出租或转让收入、资产盘盈、处理长期资产净收益、罚款收入及其他各项经营收入。

（2）家庭农场取得各项经营收入，借记“现金及存款”“应收款项”等科目，贷记本科目，需要交纳增值税的，还应按增值税额贷记“应交税金”科目。

（3）本年发生的销售退回，不论是属于本年还是以前年度的，都应冲减本年的经营收入，借记本科目，贷记“现金及存款”等科目。

（4）年末应将本科目的余额转入“本年利润”科目，结转后本科目应无余额。

第 10 号科目　经营支出

（1）本科目核算家庭农场已销售存货、劳务或出售长期资产的实际成本，以及销售费用、管理费用、财务费用等其他各项支出。

（2）期末，应根据本期销售的各种存货、劳务和长期资产等的实际成本结转营业成本，借记本科目，贷记“存货”“长期资产”等科目。

家庭农场原则上应采用加权平均法确定销售存货的实际成本。

（3）已售出的存货发生销售退回时，可以直接从退回当期的销售数量中减去，也可以单独计算本期销售退回的存货成本，借记“存货”科目，贷记本科目。

（4）家庭农场在年终结账后发现的涉及以前年度的会计错误，应在本年度账户中进行调整。其中，如为以前年度少计收益、多计费用的，借记有关科目，贷记本科目；如为以前年度多计收益、少计费用的，借记本科目，贷记有关科目。

（5）年末应将本科目的余额转入“本年利润”科目，结转后本科目应无余额。

会计报表

1. 资产负债表

（1）本表反映家庭农场在年末从事生产经营活动的资产、负债和业主权益的情况。资产总额等于负债及业主权益总额。

（2）本表各项目的内容及填列方法如下：

①“现金及存款”项目。反映家庭农场库存现金和各种银行存款的年末余额，应根据“现金及存款”科目的年末余额填列。

②“应收款项”项目。反映家庭农场本年末止各种应收未收的款项金额，应根据“应收款项”科目的年末余额填列。家庭农场如有预收账款的，则作为应收账款的减少数。如“应收款项”科目年末为贷方余额，本项目数字以“-”号表示。

③“存货”项目。反映家庭农场生产经营中使用的各种存货的年末余额，应根据“存货”科目的年末余额填列。

④“长期资产”项目。反映家庭农场生产经营中使用的固定资产净值年末余额和家庭农场生产经营中使用的无形资产的年末摊余价值，应根据“长期资产”科目的年末余额填列。

⑤“应付账款”项目。反映家庭农场本年末止应付未付的款项，应根据“应付账款”科目的年末余额填列。家庭农场如有预付账款的，则作为应付账款的减少数。“应付账款”科目年末如为借方余额，本项目数字以“－”号表示。

⑥“业主投资”项目。反映业主实际投入的供生产经营活动中使用的资金的年末余额。本项目应根据“业主投资”科目的年末贷方余额填列。年末，“业主投资”科目如为借方余额，表明业主抽调出的资金大于其投入的资金，本项目数字以“－”号表示。

⑦“本年利润”项目。反映家庭农场在年末时的留存利润（或不能由经营所得弥补的亏损）。应与“利润表”中“本年利润”项目的数字相等。如为亏损，本项目数字以“－”号表示。

2. 利润表

（1）本表反映家庭农场在本年内生产经营活动实现的利润（或经营亏损）。

（2）本表各项目的内容及其填列方法如下：

①“经营收入”项目。反映家庭农场从事生产经营活动所取得的各项收入，如存货销售收入、劳务收入等。本项目应根据“经营收入”科目中转入“本年利润”科目的金额填列。

②“经营支出”项目。反映家庭农场本年已销售产品、商品、劳务、长期资产等的实际成本，以及销售费用、管理费用、财务费用、税金等其他各项支出。本项目应根据“经营支出”科目中转入“本年利润”科目的金额填列。

③“本年利润”项目。反映家庭农场本年实现的经营所得，如为经营亏损以“-”号表示。

知识链接 家庭农场饲养柴鸡成本核算

1. 饲养成本

一是雏鸡成本：一只雏鸡的价格在3.5元左右。如果养殖户是自繁自养，一只雏鸡的价格一般为2元左右。二是疫苗成本：一支疫苗的费用是20元，可以注射1 000~2 000只。商品柴鸡一般注射疫苗3~4次，每只鸡的疫苗费用在0.2元。三是饲养成本：饲养一只鸡的饲料成本在15元左右。四是各种损耗及死鸡成本：每只柴鸡约1元。

这样，一只柴鸡的饲养成本为18元左右。年养5 000只柴鸡饲养成本约9万元。

2. 场地设施成本

柴鸡以散养为主，110天可以出栏上市，重量可达1.25~1.5千克。年养5 000只鸡需资金约3万元。

3. 养殖效益

5 000只鸡的成本约12万元。

每个月养500只鸡，年出栏5 000只，每只售价37.5~45元［30元/千克×（1.25~1.5）千克］，年销售收入为18.75万~22.5万元，年纯利润6.75万~10.5万元。

第五单元
农场主的故事

单元提示

1. 关于农场经营思路和经营理念的故事。
2. 关于创业创新的故事。
3. 关于品牌农业的故事。
4. 关于做人做事的故事。

1 农场主和猎户

故事描述

一个农场主养了很多羊，他的邻居是个猎户，院子里养了很多猎狗。这些猎狗经常跳过栅栏，去袭击农场里的小羊羔，这让农场主很恼火。

农场主没办法，只好到镇上找法官评理。听完农场主的申诉以后，法官说：“我可以处罚那个猎户，也可以让他把猎狗都锁起来，这样你就失去了一个朋友，多了一个做敌人的邻居。你是愿意和朋友做邻居呢？还是愿意和敌人做邻居呢？”

农场主毫不犹豫地说：“当然愿意和朋友做邻居了。”

“那好，我给你出个主意，按我说的去做，不但可以保证你的羊群不再受伤害，还会为你赢得一个友好的邻居。”法官如此这般地说了一番。农场主连连称是。

一回到家里，农场主就按法官说的挑选了三只最可爱的小羊羔，送给了猎户的三个小儿子。看到洁白温顺的小羊羔，孩子们如获至宝，每天放学都要去院子里和小羊羔玩耍嬉戏。因为怕猎狗伤到孩子们的小羊羔，猎户做了一个大铁笼子，把猎狗结结实实地锁了起来。

从此，农场主再也没有受到猎户家的猎狗骚扰。

为了答谢农场主送给孩子们的羔羊，猎户开始送各种野味给他，农场主也不时用羊肉和奶酪回赠猎户。渐渐地，农场主和猎户成了好朋友。

专家点评

思路决定出路。做任何事情，出发点都很重要，换个思路，结果会完全不同！农场主在处理农场和社会的各种关系时要有策略，和气生财是第一要务。凡事都能找到解决问题的办法，最好的办法是三思而后行。

2 两个农场主的经营观念

故事描述

农场主张先生只种橙子，农场主琼斯先生只种苹果。他们两人都专业生产水果，然后交换彼此剩余的水果。这样，两人就都可以从比较优势和自由贸易中获益。张先生给琼斯橙子的唯一原因就是为了得到琼斯的苹果，琼斯先生正好相反。

有一年农场主琼斯的苹果园遭遇洪水，一个果子也没结。这时，他不仅没有水果可以出售，而且连吃饭都成了问题。于是，他便向张先生建议自己用“苹果欠条”来交换他的橙子。因为张先生无论如何也吃不完自己种的橙子，再加上琼斯先生的欠条还支付他10%的利息（当然是以偿还苹果的形式支付），张先生便欣然接受了。

张先生之所以接受琼斯先生的请求，是因为琼斯承诺会偿还这些债务。“苹果欠条”本身并不具有任何价值，只有在琼斯承诺支付额外的苹果时，这些“苹果欠条”才具有价值。

在用“苹果欠条”交换真正的橙子时，琼斯实际上并没有为橙子支付任何东西。真正的支付只有在一年之后，当琼斯用自己的苹果赎回先前所有的“苹果欠条”时才能实现。只有到了那个时候，“苹果欠条”才能够退回，交易才能够完成。

第二年琼斯的苹果园又遭遇了飓风，同样一个果子也没结。这次琼斯和农场主张先生又达成了和上次一样的协议：琼斯继续用“苹果欠条”交换张先生的橙子。这样，琼斯就得到了张先生更多的橙子，而张先生也就收到了琼斯更多的“苹果欠条”。

接下来的几年间连续发生自然灾害，琼斯的苹果园屡遭破坏，始终没结多少果子。直到有一天，琼斯突然发现自己即便不劳动也能够衣食无忧。于是，他便决定将自己的苹果园改建成高尔夫球场。这样一来，他不仅可以享用张先生的橙子，而且还可以整天打高尔夫球。换句话说，农场主琼斯先生现在经营的是服务经济。

农场主张先生则一直忙于经营他的果园，从没有机会到琼斯先生的高尔夫球场打球。事实上，由于长期以来一直收到琼斯的“苹果欠条”，他甚至忘记了最初接受这些“苹果欠条”的原因。现在，农场主琼斯的那些“苹果欠条”便成了他唯一的财富。由于琼斯在当地社区享有很高的信誉，所以张先生便可以用琼斯的“苹果欠条”与其他农场主进行商品交换。然而，也正是因为琼斯良好的信誉，人们忽视了这样一个事实：他的苹果园已经改建成高尔夫球场。所以，琼斯的那些“苹果欠条”现在已经变得一文不值，因为琼斯根本没有能力用真正的苹果去赎回它们。

多年以后，张先生的农场不仅种植橙子，也种植苹果，他兢兢业业地经营，把物美价廉的农产品源源不断地供应给琼斯，并照例不断地换回琼斯先生的“苹果欠条”。张先生手中的“苹果欠条”越攒越多，他并不觉得有什么不妥，他继续拿这些“苹果欠条”在社区里与其他农场主进行交易，他希望总有一天这些“苹果欠条”会变成享用不尽的财富，说不定还能把琼斯的高尔夫球场盘下来呢。

最终的失败者，当然是农场主琼斯了。由于没有了生产苹果的果园，又失去了购买橙子的信用能力，他想把高尔夫球场重新改建成果园，重新更换和购置农场设备，但为时已晚，这需要很多年的时间才能够完成。农场主琼斯不得不面临两个仅有的选择：一是把高尔夫球场转让给张先生，二是在张先生的果园中谋一份采摘橙子的工作。

专家点评

交易是有风险的，风险积累到一定程度，农场就成别人的了。经营农场不要轻易改变农场的主业，不能坚持是最大的风险。

3 种粮农场主陈秀国

故事描述

陈秀国是湖北省谷城县的一位中年农民。

2003 年，陈秀国看到国家实施种粮补贴政策，他一下子萌生了靠种粮食致富的梦想。依靠种粮致富，一要土地，二要农机，恰在他想购置农机的时候，国家又出台了买农机有补贴的政策，陈秀国当即成立了谷城县第一个农机合作社，为农民提供机械耕地、耙地、播种、收割等一条龙的农田作业。当时很多农户的田地闲在那里，陈秀国看着怪可惜，就寻思着把土地集中起来，让农业机械发挥更大的效益。

一天，陈秀国在浏览各大农业网站时，一则关于土地流转的消息使他茅塞顿开。陈秀国试着与村里农户签订了 158 亩土地流转合同，就这样慢慢地向周边村辐射。陈秀国陆陆续续流转土地 1 500 亩，年收入 17 万元，农户也从中取得了很好的收益。

陈秀国尝到甜头后，种粮的积极性更高了。为了提高种粮效益，他瞄准规模种植，实行机械耕作，向科技要产出。为此，他报名参加县农业局办的水稻机械化种植培训班，学习水稻规模化种植技术和农机知识。

他主动与农机、农技部门联系，选用优质良种，采用先进的免耕抛秧和测土配方施肥技术，实行无公害化、机械化、市场化的现代农业生产，促进了农业增效。2009年，陈秀国被光荣地评为“全国粮食生产大户”。

经过几年的土地流转、并购，陈秀国的农场发展到2 000多亩。现在，陈秀国每天都在田间劳作，指导农户科学种田。

专家点评

陈秀国的种粮经验值得水稻产区年轻农场主学习。善于学习可以提高技术水平，善于收集信息可以开阔思路，善于借力可以事半功倍。

4 水产养殖家庭农场主程友生和宋春生

故事描述

两年前在广州吃饭时，程友生听朋友们说广州、深圳两地有很多湖北人特别喜欢吃南美白对虾，但是养殖的人少。2011 年，在朋友的建议下，程友生与老家的宋春生一商量，便找到村委会提出流转土地，准备建水产养殖家庭农场。

在村委会的协调下，两人以 300 元/亩的价格，从 26 户乡亲手中租来 176 亩土地和水塘。两人用 80 亩水面养南美白对虾，96 亩水面养草鱼、鲫鱼、鲢鱼等。

两人的特色水产养殖大业就此开始了，推土、灌水、修路、筑坝，加上购置增氧机、变压器、安装六个大工棚……基建和机械设备投入达到130万元。

水产农场基建设施完备后，他们才开始投虾苗。虾苗成本400元/万只，一亩水面投10万只虾苗，就得4 000元，加上每亩近千元的“模拟海水盐”原料，一亩水面每年固定成本在5 000元左右。

为了养好南美白对虾，农场每年都会从海南专门请来南美白对虾养殖技术员进行指导。技术员每年指导三个月，每月给8 000元的工资。不花这些钱，学不到真本事。

“等到捕捞上市，每亩水塘差不多就有200～250千克的产量，每千克卖10～12元，算上基建耗损、人工和运输成本，一年下来农场有50万元左右的纯利润。”程友生笑着说，“有固定的销售公司来收虾收鱼，还有酒店宾馆直接上门进货，根本不愁销路。”

另外，宋春生负责96亩鱼塘，每亩每年产出1 000千克左右的鱼，算下来一亩的纯利润能有2 000元，一年下来就能净挣近20万元。

除了自己赚钱，两人还增加了乡里乡亲的收入。农忙时，临时请40多位乡亲来帮忙，每人每天的工资是60元左右，还有4个固定的工人，每人每月2 000元的工资。

专家点评

致富愿望强烈的人对信息特别敏感，酒桌上朋友聊南美白对虾，听故事的人好几个，壮胆子干的人只有程友生。可见，农场主是为那些敢想、敢干的人准备的。

---

5 青年农场主钱隆的创业体会

故事描述

80后青年钱隆2013年加入了青年创业者的行列，在南陵县烟墩镇兴建了属于自己的农场——正恒康生态养殖有限公司，成了“青年农场主”。

钱隆的创业体会是这样的：

1. 创业是环境所迫也是性格所致

我觉得创业者分两种：一种为了理想，一种为了生存。我在部队长大，家里条件还算殷实，所以选择创业既是成长环境对我的影响，也是性格所致，更是为了自己。不是说要赚多少钱，而是想在如今的社会中通过自己的努力来证明自己的能力。

2. 青年人创业没有早晚

刚毕业的年轻人，热情似火，干劲十足，胆子大，激情就是他们的原动力，但容易被情绪左右，受到挫折恐怕需要时间缓缓。在这种热情中创业容易走弯路。

工作几年后，资金、人脉和经验都会积累一些，对创业风险的化解有利，但缺点是偏于安稳，容易瞻前顾后，急于成功，害怕失败，这些都会影响你的决定。

至于什么时候开始创业，因人而异，没有早晚。

3. 创业者素质

首先是脚踏实地。创业不同于吃喝玩乐，就像带孩子一样，项目就是你的孩子，你要让他茁壮成长，在这个过程中，你会遇到无数你想不到的问题，就好像闯关游戏一样，要一件件地解决。创业又不同于闯关游戏，游戏结束重新开始。创业只有脚踏实地才能解决问题。

其次要肯吃苦，耐得住寂寞。专业知识是必须有的，农场是自己的，不懂行，对不起自己。

农场那些事是一点一点干出来的，干什么事关键在于执行力，想法和计划都需要一个坚决的执行力去完成。

4. 困难面前不低头

我是个羊倌，养羊看似简单，学问却很深。养羊场刚开始的三个月，遇到梅雨季节。养殖农场在山里，潮气重，山东的山羊到江南以后水土不服，一病就是一批，加上当时缺少急救经验，羊羔感冒拉肚子，第二天就死了，当时很无助，甚至有点绝望。眼睁睁地看着羊羔一批一批的没了，一点办法都没有，那种感觉真不是滋味。后来羊羔适应了气候有点好转，我就在羊圈里给幸存下来的羊羔打针、喂药、喂精饲料。

养殖场开办后，为了省钱，我冒着 40℃ 的高温挖水塘，长出一身痱子，难啊！

专家点评

想创业，就得做好准备，心态最重要。做什么事情都需要一步一步来，千万不能急躁。

6 情愿当农场主的女白领沈万英

故事描述

村民眼中的“另类”

今年 37 岁的沈万英是上海市松江区石湖荡金胜村的一名村民，回家种田之前，她在一家电子企业里负责生产管理方面的工作。从 2008 年开始，沈万英跟着父亲一起经营家庭农场，2010 年正式接替父亲成为一名新的女家庭农场主，目前经营面积已经达到115亩。

到目前为止，她是村里最年轻的家庭农场主，在田间她也算是一个另类了，每天打交道的都是50岁左右的叔叔阿姨。

当时很多人都说他傻，放着城里的舒适日子不好好过，回到田里干日晒雨淋的苦活。说起当年放弃工作、回到农村种田的选择，沈万英很是感慨，她并不在乎别人怎么看，她心中有自己的主意。那时候父亲刚刚成为松江区第一批农场主，经营面积超过110亩，她感到这是一次改变命运很好的机会，有政府的扶持补贴，加上规模化经营和机械化设备的帮忙，自己又能学习农业科技知识，肯定能够干出一番事业来。这个表面上显得有些文弱的女子，心里却装着很大的抱负，她说："不仅要提高产量，更要将生产与营销相结合，走精品化、品牌化的路线，闯出一条属于自己的道路。"

不过，理想是美好的，但实现的过程却是艰辛的。沈万英刚决定回来的时候，父母语重心长地告诫她，种田是非常苦的，你准备好了吗？沈万英想了很久，做了大量的心理铺垫，但真正来到田头时，实际种田的辛苦依然超过了沈万英的预想。第一次赤脚下地的时候，她看着眼前松软的泥土，试探了多次，才紧张地迈开了第一步。

沈万英回忆说："以前我的脚特别白，现在脚上的皮已经被磨得有些坚硬了。有一次我走在田间，突然感到脚下一阵刺痛，抬起脚一看，原来泥土里有一个酒瓶碎片，当时扎得挺深的，血不断地往外涌，我一回头发现自己站在几十亩田的中间，走回家要有好一段路，只得用泥土抹在伤口上，硬着头皮继续往前走。"

在农忙期间，沈万英和父母更是早出晚归，每天早上五六点就要下地，出门前将电饭煲预约好六小时后煮饭，中午到点了就回家，打开电饭煲随便吃一点，休息片刻再接着下地，一直忙到天黑。有时候实在太累了，心里也后悔过。不过，看着自己精心种植的水稻丰收了，稻米有了自己的品牌，一切辛苦又觉得那么值。

打造农民自己的品牌

在沈万英的家里，她拿出了一份印有自己商标的大米真空包装袋，是由“万”和“英”两个字组成的一个图案，这是沈万英自己设计的。现在不少大米品牌的商标图案都是水稻、草帽等与田间相关的元素，我想设计一个特别的、真正属于自己的图案。目前，“万英”这个商标正在注册。沈万英的目标是，打造出真正属于松江本地农民自己的品牌，将种地变成一份真正意义上的事业。

沈万英在谈自己当农场主的体会时说：“办家庭农场应该走出一条和传统农业生产不同的模式，农场才有活力，才能吸引更多的年轻人。种什么？很有讲究，我除了种植普通的水稻品种外，还引入了早玉香粳的品种，去年种植了30亩，通过精心培育，大米一上市便受到了欢迎，价格比普通大米高出一截。我还尝试种植泰国大米，同样引起了良好的市场反响。我种植的水稻在开花时节，从旁边的小路走过就能闻到阵阵花香，产出的大米在煮的时候更是香气扑鼻，品尝时口感也很香糯。这几年来，种地之余，我一直在努力看书、学习相关农业技术和经营管理，并且坚持参加政府组织的农民培训，通过对家庭农场的规范管理，我们的作物长得非常茁壮，产量也很高。”

好东西要卖个好价钱。沈万英通过自产自销的模式，走精品化道路，加大市场推广力度，精细加工，品牌包装，115亩水稻一年收入十几万元。

土地就那么多，沈万英开始尝试多元化发展，一片绿油油的小青菜开启了她种菜之旅。明年还想种一些草莓……

专家点评

只要愿意做农业，会谋划项目，会包装自己的产品，当农场主不比白领差。农场是自己的，老牛明知黄昏短，不用扬鞭自奋蹄。

7 守望家庭农场的李春风

故事描述

上海市松江区泖港镇腰泾村李春风和父母一起承包了200亩农田，还有一个占地3亩的猪场，每年收益20万元左右，他是一位名副其实的家庭农场主。

李春风一家除了种植200亩农田，还养殖着大约500头猪，猪场配有现代化的通风、降温、粪尿收集利用设施。猪场24小时必须有人管理，李春风和妻子干脆把家搬到了猪场旁边的小屋子里，每天两个人轮流到猪圈里检查好几次，观察猪群情况，查看各种设施运作是否正常。

李春风说，猪场建设是由政府投资的，饲养管理方式采用全进全出，每批次500头，每年饲养2.5批次，年出栏生猪在1 300～1 400头。我们管理这个猪场，每头猪的年收益平均在50元，这样一年养猪的收益就达到6万～7万元。这种“种粮+养殖”的种养结合家庭农场模式，不仅给李春风一家带来了更多的收益，而且通过推行养猪粪尿还田利用，还让一部分购买肥料的费用节省了下来，种田的成本也减少了。

政府对于家庭农场每亩田都有一定补贴，购买农机也有补贴。这两年李春风购买了 1 台收割机和 2 台拖拉机，每台设备政府都给予了 50% 左右的补贴，为了发挥农机的作用，他与周边的农场建立了农机互助服务。经过培训，他本人也能够较熟练地操作收割机、拖拉机了。

以前在工厂里上班，做事都听老板的。李春风现在当上了家庭农场主，知道合理安排时间了。他的体会是，要当好农场主，坚持学习是必须的。在李春风的小屋子里，他拿出了“粮食生产专业农民实用技术培训班结业证书”“松江区 2011 年优秀家庭农场的荣誉证书”“松江区家庭农场的培训证书”“家畜饲养工五级的合格证书”……学习让他成为更优秀的农场主。

专家点评

种养结合可以减少种田成本，懂政策可以争取补贴。有了补贴，好钢要用在刀刃上。农场之间相互联盟，可以提高设备和机具的使用效率。

8 乡土乡亲茶叶品牌是这样打造的

故事描述

每年 5 月，武夷山都是忙碌的。清晨 5 点多，处处可见挑着大圆箩筐的茶农。这里盛产的岩茶是乌龙茶的极品。武夷山岩茶最出名的核心地块被称为“三坑两涧”，分别是慧苑坑、牛栏坑、倒水坑、流香涧、梧源涧。

慧苑坑的茶农陈冬林是个手艺人，他拒绝工业化生产茶，坚持手工制作。茶叶出山的时候，因为害怕筐底的叶子被压坏，每个箩筐只装 40 千克鲜叶，比旁人少 20 千克。陈冬林似乎懂得岩茶的脾气，他制作的茶香气来自烘焙时的炭火，传统炭焙是制茶的最后一道工序，炭须是荔枝木制的，每次持续20小时以上。

陈冬林的岩茶成了乡土乡亲茶叶品牌的第二款产品，包装上印有他戴着斗笠的头像，连同他制茶的故事，被附在茶叶的产品说明里。一起附上的，还有茶叶的生长履历、风险评估、重金属和农残检测报告、茶园和陈冬林的住处。

乡土乡亲茶叶品牌把陈冬林那样的茶农统称为农作艺术家，隐含对他们传统手艺的尊重。乡土乡亲茶叶品牌把每款茶叶都以茶农的名字命名，这种“双品牌”的操作方式，还茶农以未曾有的价值感和存在感。通常我们喝下一杯茶水的时候，哪里会知道是谁给茶叶采青、做青、烘焙呢？但乡土乡亲茶叶品牌做到了。

这个创意的灵感，最早来自日本超市里的一棵白菜。多年前，陈冬林的合伙人赵翼在那棵白菜上看到了菜农的头像和名字。他把白菜买回去后，菜农竟发来感谢邮件，让他错愕了好久。

寻找农作艺术家的过程很艰难。三年时间，赵翼只找到了六位农作艺术家，共推出六款茶叶产品。每款茶叶都打上“透明溯源”的印记：公开的农人档案、茶叶生长履历、评估和检测报告。后来，为增加消费者对茶叶品质的信任，茶园里安装了摄像头。顾客可以在网店里同步看见茶园的情况。

这在尊重茶农的同时，也给茶农增添压力，茶农要用整个家族的名声来担待茶叶的品质。乡土乡亲茶叶品牌有一个专门机构负责生产者关系建设。2012年6月，陈冬林因病去世，他与茶融合的一生，被乡土乡亲茶叶品牌拍成了微电影，影片讲述农人和大地的故事。乡土乡亲茶叶品牌开始启动“农人微电影计划”，准备寻找100位农作艺术家。

专家点评

品牌农业是农场发展的必经之路。没有品牌，农产品很难站稳市场。很多农产品的品牌可以根植在农耕文化和农业技艺中。

9 从菜贩到农场主

故事描述

蒲康华今年43岁，是聚源镇泉水村十六组的农家妇女。她是当地家喻户晓的“菜贩子”。蒲康华和她丈夫每天起早贪黑，在城里卖了10年菜，年销售各类蔬菜60多万元。

蒲康华算过一笔账：一年销售蔬菜60多万元，其中仅稳定客户就要销50万元左右，基本上达到每月卖5万元的蔬菜。过去我们卖菜只有20%的利润，假如自己来种菜，我们就可以多得20%的利润，全年增收10万元没问题；还可带动周边农户发展现代农业，促进农民增收。

买菜再卖菜，只能赚点中间差价。如果自己租地种菜来卖，走自产自销的路子，就可以多赚一个环节的钱、多带动一些人增收。有一天，蒲康华萌发了走规模化、产业化、生态化的种菜念头。

蒲康华与当地20多家农户签订了为期5年的土地租赁承包合同，承包100亩地从事绿色生态无公害大棚蔬菜种植。一切从零开始，蒲康华整天泡在大棚里，带领农工管理菜，施肥、喷水……她的辛勤劳动换来了一个成功的蔬菜农场。她打算再承包200亩土地，使蔬菜种植规模达到300亩。

专家点评

农业产业链从产、供、销到加工，每个环节都有商机，家庭农场如果条件许可，可以延伸产业链经营，自产自销，实现农产品更大增值。

10 头脑灵活的村支部书记当了农场主

故事描述

山东省邹平县张卫是村里的党支部书记。早在2011年就流转了近300亩土地建早春大棚，种植花卉、蔬菜和甜瓜，发展高效农业。2013年，张卫在报纸上看到中央一号文件明确提出了发展家庭农场并加大支持力度的报道，灵敏的嗅觉，让他当即决定成立宇鑫家庭农场。

10月28日，淡淡的雾霾中，记者来到宇鑫家庭农场，一大片蔬菜大棚闪闪发亮。张卫正指挥家里人往车上装蔬菜。张卫说："今年的蔬菜价格很好，今天茄子批发到了一块二，菜椒到了一块三，一亩地下来，仅蔬菜这一项就有8 000多元的收入。"

他早早地准备材料申请注册家庭农场，只用了3天时间就领到了营业执照，成为县里第一家注册成功的家庭农场。让他没想到的是，建蔬菜大棚时，县里、镇上分别出台了有关扶持政策，每个大棚补助2 000元。张卫一下子就抢了个"头彩"。

由于张卫以农场主的身份参加县人才工作领导小组举

行的青年创业大赛，入围前30强。从而享受到50万元的银行贴息贷款，其中10万元是无息贷款，超出部分贴息50%。

张卫的家庭农场种植花卉、蔬菜、甜瓜，这种高效农业比传统农作物附加值高8～15倍，增收效果显而易见。

不过，办家庭农场也有风险。2013年夏天，由于连日降雨，土质变得非常疏松，一场大风将30多个大棚的龙骨架刮倒了，损失30多万元。因为没有保险，损失只能自己扛。对于家庭农场来讲，一场自然灾害就可能把农场彻底击垮。目前，山东省保监会正在积极调研，将逐步扩大农业保险的覆盖面，增加经济类作物的保险。

专家点评

机会永远留给有准备的人。凡是政策鼓励的事，抢先就能受到重视，有基础就能得到扶持。

---

11 养猪专业户变身农场主

故事描述

56岁的刘志杰老家在龙王塘村，出嫁前她就在娘家养了几头猪。出嫁后，丈夫在家附近的工厂上班，她就做一名普通的农家妇女。为了多挣点儿钱，她开始在自家房前屋后种果树、种玉米，还摆地摊卖过水果。后来，她发现自己在娘家时学会的养猪经验挺宝贵，就开始养猪。没想到由于技术落后，头几年，猪的死亡率很高，加上把握不好市场行情，连着好几年都赔钱。但倔强的刘志杰不愿意放弃，始终坚守着自己的养猪事业。几年下来，有了效益，附近上百位家庭妇女都跟着刘志杰养猪。在众多养猪户的推荐下，她当上了旅顺市三涧堡养猪协会会长。为了掌握更好的养猪技术，刘志杰先后到河北、山东等地为养猪户引进新品种，请来技术员。附近养猪户多了，慢慢形成了规模，名声就传出去了，农村经纪人知道了这里有个养猪集中地，就主动上门来订购生猪。农场越滚越大，刘志杰的养猪场已经有千余头生猪规模了。

两年前，刘志杰通过租赁方式承包了一片果林，注册了“日源农场”。现在，刘志杰的农场有70多亩果树，还有1 000多头猪和700多只鸡。平时，刘志杰和丈夫照顾着农场，还雇了几个人，成了名副其实的农场主。

专家点评

农场主有一技之长可以少走很多弯路。带领大家养猪，帮了别人，也帮了自己，因为农产品市场需要规模效应。货源有保障，经纪人才愿意登门。

12 农场主有一个共同的特点——能人

故事描述

展肖华老家在山东省莱西市。这是一个小山村，有种植葡萄的传统。父亲多年前承包了10多亩葡萄园，因为管理不善赔了个底朝天。展肖华看在眼里急在心上。虽然大学上的是英语专业，但展肖华一直牵挂着种葡萄。在她的坚持下，2006年，展家再次承包了大片葡萄园。为了帮助父亲种好葡萄，大学期间，展肖华把大多数课余时间用在了查阅葡萄种植技术资料上，并经常通过电话、网络和父亲交流种葡萄技术。学校一放假展肖华就往家跑，成天待在葡萄园里，用学到的技术给葡萄施肥、喷药、除草、整枝等，逐渐掌握了一套种植和管理技术。

2006 年秋天，一场不期而至的霜冻冻坏了葡萄苗。看着一年的辛苦化作流水，她几乎丧失了创业的勇气。但是，短暂的苦闷犹豫后，她重整旗鼓，用自己平时做家教等赚的钱去农学院实习，并跑到烟台南王山谷酒庄和张裕卡斯特酒庄拜师学艺，回来后就来到葡萄架下观察研究，搞配方、施肥、嫁接、耐寒等试验。

2008 年 7 月，展肖华大学毕业后毅然回到家乡，注册成立了葡萄种植公司，自任总经理。当年，她家的葡萄大获丰收，获利颇丰。后来家庭农场兴起，展肖华和父亲又承租了本镇和邻近镇上的葡萄园，葡萄种植总面积达到了 1 000 亩，年产量达 120 万千克。带动了附近很多农户开办葡萄种植农场，产品主要销往张裕、白洋河、长城等葡萄酒厂家。

专家点评

农场主的确不是一般人能干的，在很多国家，农民通过培训、考试、取得资格后才能当农场主。

13 农场主与雇员

故事描述

有个农场主的葡萄熟了，气象预报未来几天都下雨，如果今天不把葡萄全部摘完的话，葡萄就会烂掉，而农场现有的人员不可能在一天内把葡萄全部摘完。于是，他就在劳务市场上找了一群人，承诺他们今天能把葡萄全部摘完的话，每人给一个金币。这群人听后非常高兴，开始给农场主摘葡萄。

中午的时候，农场主发现找来的人不可能今天把葡萄全部摘完。于是，他又到市场上找了一群人，给了他们同样的承诺。这群人听后非常高兴地加入了摘葡萄的行列。

下午2点钟的时候，农场主发现大家虽然非常卖力地摘葡萄，但还是不可能在一天内把葡萄全部摘完。于是，他又到市场上找了一群人，同样承诺他们今天能把葡萄全部摘完的话，每人给一个金币。这群人听后毫不犹豫地来到葡萄园摘葡萄。

日落西山的时候，葡萄终于全部摘完了。农场主把最后一批人叫过来，给了他们每人一个金币，这群人非常高兴地走了。农场主把第二次招来的人叫过来，每人给了他们一个金币，这群人并没说什么也走了。农场主把第一次招来的人叫过来，给了他们每人一个金币，这些人不高兴了，为什么我们干的活比后来的人都多，却没有加钱呢！

农场主说，我按约定兑现了承诺，难道不对吗？

专家点评

农场主兑现了自己的承诺，对任何一批人都没有违约，结果却事与愿违。问题在哪里？假如农场主把发放报酬的顺序颠倒一下，按照工作的顺序第一批人先拿，第三批人最后拿，所有人都会高兴。后一种发放顺序并未改变任何其他条件，带来的则是皆大欢喜，没人感到不公平。农场人力资源的管理也是一门学问。

14 农场主与小松鼠

故事描述

有一个农场主，一家人住在一棵巍然挺立的遮阴树下。

来农场的每个人都无一例外地惊叹这棵遮阴树，太完美了。农场主总是不厌其烦地向来人介绍这棵遮阴树的不同凡响之处。

有一天早上，农场主正在菜地里干活。突然间，一只松鼠从他身边掠过，飞快地爬上那棵遮阴大树不见了。农场主非常纳闷，松鼠跑到哪里去了呢？树上不会有洞吧？

疑惑促使农场主停下了手中的活儿，来到遮阴树前，他仔细查看起来。结果大大出乎他的预料，这棵带给他荣耀和自豪、外观高大强壮的遮阴树，不仅有个松鼠栖身的树洞，而且从上到下完完全全地空了，只是靠外表一层还算结实的木材勉强支撑着。

天哪，我该怎么办？如果砍掉这棵树，我的荣耀、我的自豪将永远地离我而去，我的面子也必将受到严重影响。如果留下这棵树，一阵强风，树或许就会倒下，我的家人和房子时刻处在高度危险之中。

农场主并未把怒气撒到那只松鼠身上，为了安全，农场主最终把树锯了。

专家点评

这个故事有两点值得思考，一是农场需要一个标志性的东西，遮阴树就是这个农场吸引游人的标志。二是农场处处需要管理，疏于管理就会留下后患。面对久已存在的弊端，如果听之任之，也许会一时痛快，但结果会糟糕到无法收拾。因此，发现问题要当机立断。

15 让农场主省心的雇工

故事描述

在大西洋沿岸有一个种粮食的农场主。他总是不断地张贴雇用人手的广告，可是没有人愿意到他的农场工作，因为大西洋沿岸的风暴太厉害了，经常摧毁沿岸的建筑和庄稼。有一天，一个又矮又瘦的中年男人找到农场主应聘。

农场主问他能行吗。

应征者回答——这么说吧，即使飓风来了，我都可以睡着。

农场主心里有点儿怀疑，但是农场主还是雇用了这个人，因为他太需要人手了。

新来的雇工每天从早忙到晚，把农场打理得井井有条，农场主十分满意。

不久后的一天晚上，狂风大作。农场主跳下床，提起一盏灯，急急忙忙地跑到隔壁雇工睡觉的地方，使劲摇晃睡梦中的雇工，快起来！暴风雨就要来了！在它卷走一切之前把东西都拴好！

雇工在床上不紧不慢地翻了个身，像说梦话似的告诉农场主，没事，去睡吧。农场主气坏了，真想当场就把他解雇了。

农场主强压着火气，跑到外面，打算一个人为即将到来的暴风雨做准备。令他吃惊的是，他发现所有的干草堆都早已被盖上了防水布，牛在棚里，鸡在笼中，所有房间门窗紧闭，每件东西都被拴得结结实实，没有什么能被风吹走。农场主这时才明白雇工话的意思了。

专家点评

这个雇工之所以能够睡得着，是因为他已经为农场平安度过风暴做足了准备。农场主有这样的雇工就省心多了。

16 大农场主和他的 100 个小农场主

故事描述

在大中城市周边，兴起这样一种类型的农场，拥有大块土地的农场主把土地分隔成很多小块，每一小块土地租给一个城市家庭，十几平方米或几十平方米土地就诞生一个个“小农场主”。“小农场主”每逢休闲度假时就带着家庭成员来地里体验农耕的快乐，顺便领略一番田园风光，呼吸一下新鲜空气，品尝一下农家特色饭菜……这种开心农场就是都市休闲农场。

刘先生家住郑州郊区，早些年他就把村里的荒地承包下来，种上果树，挖了鱼塘，经营农业观光项目。国家提出扶持家庭农场发展政策后，刘先生迅速注册了家庭农场，并模仿北京月亮湾开心农场的做法，办起了自己的“小农场主”群。

刘氏农场做法

最小租种单位为一块10米^2，租赁时间单位以年计算并且签订协议书。

1. 客户可以在自己的土地上插具有个性的木制标示牌，标示牌费用不另收取。

2. 农场免费提供农作物种植技术、农用工具。

3. 农场免费提供农作物种子。

4. 客户亲自在自己的土地上自由发挥，如果自己没时间打理，还可以付一定费用交给农场托管。等到作物成熟以后亲自到农场收获！

为了把农场办得更有吸引力，刘先生在农场的果园林下养鸡养鸭，农场的鱼塘提供垂钓娱乐，农场的餐馆提供自产自销的农家饭……对每个“小农场主”提供本农场新鲜蔬菜配送服务。

专家点评

创新是农场主做大事业的永恒主题。

刘先生的成功一是得益于他在城市周边储备了足够多的土地。二是刘先生把自己的农场进行分隔经营，分块租给愿意体验农耕的城市人，这种借鸡生蛋的策略可以快速收回成本。三是刘先生善于学习，把别人的成功经验拿来，避开了探索新路的风险。